悦 目

后妃的美容与养颜

陆燕贞　张世芸　苑洪琪　著

U0318813

故宫出版社

前　言

我国是四大文明古国之一，有着悠久的历史、高度的文明。作为文明象征的美容艺术，自古以来就受到人们的重视。爱美之心，人皆有之。爱美是一种社会现象，是不能脱离社会而独立存在的。正如隋唐妇女喜艳妆、宋明女子喜淡妆一样，不同民族、不同社会、不同时代有着不同的审美标准。

清代是最后一个封建王朝，在其统治的 260 余年间，后妃美容有着独特的艺术风格，她们在保留本民族传统的同时，又不断吸收汉族各个时期的美容方式，在不断演变发展中形成了集养颜、美容、健身于一体的美容艺术。

清代后妃重视修饰，仅就发式而言，变化较大，由简单的小两把头，过渡到逐渐升高的叉子头，最后形成发套式的大拉翅。头上的簪饰也由通草花变为珠玉花，进而发展为满饰珍宝。而面饰却保留了满族先民的健康美，又吸收了宫廷女子的典雅美，使清代后妃浓淡相宜的修饰美与历代女子美饰形成鲜明的对比。

清代后妃日常饮食与养颜、美容有着内在的联系。用现代科学手段考察她们饮食中的肉类、豆类、芝麻、蜂蜜、牛奶、水果、鲜花等做成的菜肴、糕点、饮料、小吃等等，都具有极高的营养价值，经常食用可以强身、润肤、乌发。

中药在清代后妃养颜、美容中起了重要的作用。中药养颜、美容历史悠久，自春秋战国以来的许多有效验方被后世沿用。清宫御医在研究和运用这些成方中，又"谨拟"许多秘方，为后妃养颜使用。这些秘方分为外用、内服两种，效果极佳。

　　关于清代后妃养颜、美容的资料，史书记载甚少，线索极微。我们翻阅了大量清宫档案和有关资料，在研究清代宫廷历史的基础上，以故宫现存文物为依据，对宫廷首饰、佩饰、服装、后妃写实画，作了多方面的理论分析和实物考证，从中探索出清宫后妃美容艺术的形成与发展。希望这些研究对于当前探讨美容、美饰艺术有所裨益。

目录

修饰美

清音

第一章 修饰美

人类社会由低级到高级、从野蛮到文明，经历了漫长的岁月。原始社会时，先民们为了生存进行简单的劳动，获得繁衍生息的物质生活资料。随着生产工具的发展，生产力得到提高，生产领域也不断拓宽。先民们在付出劳动得到丰厚的物质资料同时，也在自然中发现了美，并将其用于自身修饰。大约到了旧石器时代晚期，北京山顶洞人的生活中就有了石珠、兽牙、鱼骨、贝壳等串成的项圈。对原始社会装饰物品的出现，马克思有过如下论述："这些东西最初只是作为勇敢、灵巧和有力的标记而佩戴的。只是到了后来，也正是由于它们是勇敢、灵巧和有力的标记，所以开始引起审美的感觉，归入装饰品的范围。"

到新石器时期，先民们对于装饰品不仅取之于自然，还凭想象制作。在我国历年出土的新石器时代文物中，多次出现骨笄、骨簪、玉簪、玉梳、象牙梳等，都是用于美饰发髻的装饰品。翻开史籍，漫漫五千年历史，不乏历代女子对修饰美的追求。"窈窕淑女""环肥燕瘦""粉白黛绿"等形体美、容貌美的记载，"浓妆淡抹""淡妆素抹"的化妆以及汉、唐、宋、元、明、清历代异彩纷呈的发髻、首饰，都从不同的角度反映了不同时代的女子对修饰、装饰用品的追求与审美标准。

古代的发式

自从新石器时代结束了原始社会先民们披发覆面之后，辫发、绾发是人们生活中修饰方面的一个显著的进步。那时男女的发型，不外辫发、绾发或者辫发盘髻。进入阶级社会，人们的社会物质文化生活也在不断地变化，男女梳妆打扮逐渐有所区分。史籍中有关梳妆的记载屡见不鲜，尤其是在几千年中王室贵族女子的梳妆，绾发的形式，记录详尽。历年考古发掘出土的陶俑、壁画、雕像以及传世的画像，都非常具体地描绘了当年女子们梳妆发式的情形，为我们研究古代女子梳妆提供了丰富的资料。

史前时期的发式

在讨论我国历代的发式之前，让我们追溯一下原始社会时期的先民们的生活。他们经历了几十万年的旧石器时代，使用着笨拙的生产工具，从事简单的生产劳动，起居生活也非常简陋。

起初只有简单的衣着、披散着的头发。新石器时代，由于生产的发展，农业、畜牧业同时并举，制陶手工业崛起，物质生活较旧石器时代丰富多了，同时人们的衣着与发式也发生了变化，开始盘发为髻。从许多新石器时代考古发掘来看，除生产石器工具以外，还出现了骨针、骨笄及相类似的装饰物。

在旧石器时代晚期的山顶洞人居住过的洞穴里，曾发现过骨针、骨锥，还有用赤铁矿粉染成红色的装饰石珠。在甘肃、青海地区出土的彩陶中，发现了一些器口为人头或人面形的陶器。人头形器面部眼、耳、口、鼻清楚但是没有头发。甘肃秦安县大地湾发现的人头形器，陶瓶口是圆雕的人头像，面部眼、耳、口、鼻刻画清晰，头的左、右和后部均披直发，额前齐眉垂着一排整齐的短发。通过人头形象，可见当时的人们已不再是披发覆面，而是整齐的披发了。陕西西安半坡出土了一些人面鱼纹陶盆，有的人头上绾一发髻，髻中横贯一笄，这是至今见到的最早的绾髻。同时中原地区山东、河南等地出土的大约公元前 2800 年到公元前 2300 年的骨笄，为绾髻作了佐证。山东泰安大汶口墓地出土的象牙梳，呈竖长方形，为十七齿的梳子，做工细腻，有装饰花纹，由此证明已经使用梳子。青海大通上孙家寨出土的舞蹈图彩陶盆，在盆的内壁上画了一幅跳舞场面，共十五人，分为三组，每组五人。他们头后有翘着的一束头发，酷似发辫，并肩携手，翩翩起舞，衣带飘动，十分生动。从以上出土文物来看，新石器时代的人们，生活逐步进入文明，不再是原始的人类，人们自身已开始了简单的梳妆，仅

新石器时代　人面鱼纹彩陶盆（西安半坡出土）

发式已经有披发、绾髻、辫发，在很大程度上人们是为了便于劳动，方便生活。由于物质生活的改善，人们产生了美的观念。这期间人们为了御寒防风或其他原因，是不是已经有了帽子呢？陕西临潼邓家庄发现的一件陶塑半身像给了我们答案，这是目前为止见到的唯一一件头上有冠人像。浙江杭州市反山出土的新石器时代的锥形玉饰，长18.4厘米，方柱形，上端尖锐，下端有短榫。器身刻两组纹饰，每组为四人面、二兽面。1989年山东临朐县朱封出土的属龙山文化的玉冠饰，通长23厘米，形似簪，由簪首和簪柄两部分组成，衔接处有榫。簪首乳白色玉质，镂空透雕变形蟠螭纹，花纹间镶嵌绿松石，簪柄细长而尖，饰竹节式旋纹。这锥形玉饰和玉冠饰的长度，无疑是簪发连冠使用的。这一时期簪发是否

新石器时代 玉冠饰

男女有别，还不清楚，但到了商周时期男冠女笄的礼仪出现，男女才在簪发、戴冠上有了区别。

夏商周至春秋时期发式

我国古代夏、商、周至春秋，大约从公元前21世纪至公元前5世纪，是奴隶制社会历史时期。奴隶主、贵族占统治地位，强迫奴隶从事农业、畜牧业、手工业生产劳动，而奴隶的劳动成果却全部被奴隶主榨取。奴隶

商　玉人

的劳动发展了社会经济，然而他们却毫无地位，没有人身的权利。奴隶主为了显示至尊的社会地位，制定了礼制，有了首服的规定。《礼记·冠义》"冠者礼之始也"。冠作为贵族的标志，用文字记录下来。《仪礼》一书中主要讲社会上"士"的阶层的礼制。"士"在商、周、春秋时期是最低级的贵族阶层。其中《仪礼·士冠礼》详述了加冠礼的程序。

冠和戴在头上的帽子不同，是一种上方有装饰架子的头箍，拢络着头发，头发自然是挽髻的，冠可以连髻横贯以笄，以固定在头上。《仪礼·士冠礼》中还有"皮弁笄、爵弁笄"。弁是一种冠，穿通常礼服时用弁。弁有不同种类和用途，皮弁，用于田猎战伐；爵弁，用于祭祀，戴弁要插笄的。《仪礼·士昏礼》："女子许嫁，笄而醴之。"女子十五岁，如已许嫁，便得举行笄礼，以示成年及已许嫁；如年过二十岁未许嫁，也已成人得举行笄礼，不过仪式不必隆重，用的笄饰也有区别。笄礼也就是将头发往头顶梳挽髻，插上笄。这种笄礼的形式，一直影响着后世，明清时期的女子出嫁要开脸上头，开脸就是绞去额上的汗毛，开出方鬓角，梳上成人的发髻，再插上金银装饰的发簪，戴上新娘的凤冠。《仪礼》中所记是贵族的男冠女笄，奴隶主的冠笄礼可能要更隆重华贵，但并不涉及这一时期奴隶的妆束。河南安阳殷墟出土的"高冠玉雕人形"，头上戴着高高的冠，冠像一只弯曲的竹笋，上面似有许多珠玉装饰，冠下没有松散的头发，毋庸置疑是戴在发髻上的，只是没有笄的痕迹。那时男子的一般发式是编成发辫，右旋盘顶一周，或在发辫上加上一个帽箍，有的遮上包头巾。殷墟还出土了辫发玉人，两腿跪坐，双手抚膝，头发集中于顶部，然后编一条短辫，下垂于脑后，这种女式辫发，在商末、周初是很流行的。一般女子将头发上拢到头顶绾髻，髻是散松的盘发，也可能是编

辫盘发，梳髻之后，髻上都要横贯
一支长十五六厘米的骨笄，以固定
髻。1976 年河南安阳殷墟妇好墓出
土的商代玉笄，长 39.2 厘米，圆棍式，
由顶端向笄末逐渐收敛，琢磨精细，
是一件束敷发髻的精致装饰品。商代
出土的笄，质地大多为兽骨，偶有玉
石、象牙的，在笄的上端一般刻有鸟、
凤凰或几何纹纹饰。由于成年男女
都梳髻，因此"笄"男女都可使用，
以笄来美饰发髻，年长一些的是男
用，男子往往连冠用。装饰多一些
的是女用，女子会更多地来美饰自
己。至于商纣王的宠妃妲己、周幽王
的宠妃褒姒，传说都以姿色而得宠，
在仪容修饰初起的时期，想来也不
过在发髻抑或发辫上美饰一番罢了。
东周时期辫发又有双股，长辫，垂
于腰部以下装饰。总之这时期辫发
与发髻同在，大约到战国以后，女
子的发髻广为流行，梳理出各式各
样的发髻。

战国至明代妇女发式

　　战国至明代一千四百余年，是
我国封建社会历史时期。地主阶级
占统治地位，士农工商各个阶层在
社会中占有不同的地位。在不同的

商　玉笄

朝代、不同的民族、不同的阶层中女子梳妆有着不同的发式，这反映了不同的社会地位和不同的审美标准。女子通过发髻、发辫，体现出妩媚、娇柔、温顺、富贵等不同姿态的美。所谓"鬓发如云，不屑髢也"说的是女子喜欢自己有满头稠密的黑发，不用假发的一种自然美。但是由于审美标准的差异，在大作发髻文章的朝代里，真发已不能满足梳妆的要求，出现了假发高髻，以衬托美的姿态。"择其善者而从之，其不善者而改之"。当一种新的发髻式样出现，附合于美的时尚时，往往得到羡慕和模仿，并得以流传一个时期。

战国至秦汉约七百年间，社会上层女子以梳发髻为主。战国时梳的发髻，挽发到头顶，再盘发为髻，也有梳髻如银锭式，垂于脑后的。秦时女子，不在头顶上绾髻，髻梳得很低，下垂至脑后甚至到后颈。

汉代宫中及上层社会的女子梳髻多样，还流传下来不少与发髻有关的故事。

自秦始皇始有"皇后"之称，历代相沿。汉代承秦制，皇帝有皇后一人，下有"夫人"多人，再下有美人、良人等。相传汉武帝时，有尹、邢两位夫人，皆以美貌得宠，但武帝规定两位夫人不能见面。对此尹夫人不满意，多次请武帝允许见邢夫人一面。武帝无奈，只得同意两位夫人在寝宫见面。尹夫人见邢夫人淡妆素裹、发髻低垂，一副楚楚动人的样子，不禁妒火三丈，连连说"非邢夫人！非邢夫人！"武帝问："何以知之？"尹夫人回答："她的衣裙发式都不是宫中夫人的打扮。"尹夫人嘴中虽然这般说，但心里被邢夫人发髻松散、低垂于背的妩媚形态所刺激，嫉妒得泪流满面。也因此留下了"美人入室，恶女仇之"的故事。

古代四大美人之一的王昭君，名嫱，字昭君。西汉元帝时广选宫女，被选入宫。竟宁元年，世代居住在我国北方边陲的匈奴族首领呼韩邪到长安，朝见元帝，提出和亲。昭君得知，自请嫁匈奴，入匈奴后被称为宁胡阏氏。呼韩邪单于死，其前阏氏子代立，成帝又命昭君从匈奴习俗，复为后单于的阏氏。昭君以一个柔弱女子，远离中原，奔赴漠北，确实是一件不寻常的壮举，由于她的努力，结束了汉匈多年来的战争局面，促进了两族人民

明　仇英《明妃出塞图》，绘王昭君出塞途中跋涉情形

的融洽，化干戈为玉帛，铸刀剑为犁锄，使北方边陲出现了边城晏闭、牛马布野之世无犬吠之害黎、庶无干戈之役的景象。"昭君出塞"的故事流传后世，成为不少诗词、戏曲、小说等流行的题材。昭君貌美、德美，发式也美。相传她梳的是环云髻，发波如云，层层叠叠，中心双环耸立极富立体感。梳法是将发分绺分股修饰，挽为层层云状，头顶上的长发梳成两个环，

挽回的发梢，藏在层层云状发中，再用凤钗花簪加以固定。这种发式既飘逸，又含蓄，给人以高雅、端庄的感觉，在汉代女子中影响较大。宋代王安石在《明妃曲》中赞扬她的美貌："明妃初出汉宫时，泪湿春风鬓脚垂。低徊顾影无颜色，尚得君王不自持。"

《后汉书·梁冀传》："寿色美而善为妖态，作愁眉、啼妆、堕马髻、折腰步、龋齿笑。"梁冀是东汉顺帝时皇后的哥哥。寿是梁冀的妻子，姓孙名寿，她长得貌美又善于化妆。李贤注引《风俗通》说她的化妆："愁眉者，细而曲折。啼妆者，薄拭目下若啼处。堕马髻者，侧在一边。折腰步者，足不任体。龋齿笑者，若齿痛不忻忻。"可见孙寿的面部化妆是描眉细而弯曲，在眼睛下面敷粉作泪痕；头上梳堕马髻，松松的髻歪在颈后，走路时腰肢扭捏故意做作笑的姿态，一副女子妩媚娇柔的姿态。京师贵戚，争相效仿，时称"梁氏时妆"。

堕马髻流行于一时，它的梳法是将前边头发分中，分发至双耳边，然后往后梳，梳至颈部渐渐收束，挽髻。从髻中分出一绺头发，名为"垂髾"，或称"分髾"。髻朝一侧垂于背，给人以松散的感觉。又似从马上堕下的样子，所以称"堕马髻"。在东汉曾风靡一时，从一些出土的泥塑、木俑上可以看到，至东汉末已经少见，魏晋时便绝迹了。

慵来妆，相传汉武帝的妃子赵合德把头发梳成新的髻形，这种髻形，散松无拘，表现了懒散的形态，称为"慵来妆"。后人把随手挽的髻称"慵妆髻"。如《红楼梦》第五十八回："晴雯因走过去拉着，替他洗净了发，用手巾拧的干松松的，挽了一个慵妆髻。"

椎髻，上承西汉，东汉时以椎髻为主，与堕马髻不同，发髻垂于颈后，垂得较低，也很随意。

汉代女子在梳髻方面有所变化，她们还美饰发髻，有的贵族女子除用金玉发簪插髻以外，常常以缀珠的步摇插在头上作装饰。女子戴的冠（帽）也加以美饰。西汉刘歆《西京杂记》记载了汉成帝时赵飞燕为其女弟在昭阳殿上襚三十五条，其中有"金华紫轮帽"，还有"五色文玉环，同心七宝钗，黄金步摇，合欢圆珰"等首饰。有的妇女冠（帽）上美饰以花。五代马缟

《中华古今注·冠子朵子扇子》:"冠子者，秦始皇之制也。令三妃九嫔当暑戴芙蓉冠子，以碧罗为之，插五色通草花朵子……"近年在四川忠县崖墓出土的蜀汉女陶俑在帽上插上花朵，广州东汉晚期的墓葬中也有出土，这些陶俑不过是歌舞伎、乐妓和侍女，贵族女子帽上戴花可想而知了。

魏晋至南北朝女子发式：魏晋至南北朝，历时三百六十年之久，其间女子梳理头发仍以发髻为主，但髻形有变化，因地域不同而异。

东汉流行的堕马髻，据说是东汉权臣梁冀的妻子孙寿发明的。《后汉书·梁冀传》:"孙寿色美而善为妖态，作愁眉、啼妆、坠马髻、

三国蜀 持箕女俑

折腰步、龋齿笑。"髮髻松垂像要堕落的样子。传至魏晋时期，演变为"倭堕髻"，"倭堕"二字又作"蒌鬐"。《后汉书·梁冀传》：唐刘禹锡《赠李司空妓》诗："高髻云鬟宫样妆，春风一曲杜韦娘。"在贵族女子中广为流行。梳髻方法，总发于顶，于头顶正中绾一发髻，髻根松一些，然后发髻朝一侧倾斜垂落，再用簪绾住，髻很低，偏置于一侧，呈似堕非堕的样子。没有堕马髻中的一束髻。在河南洛阳市郊永宁寺汉魏故城遗址出土的泥塑头像，发式该是倭堕髻。这种倭堕髻发式直到隋唐仍受到妇女们的青睐。

蔽髻，在贵族女子中曾广为流行，这是一种在髻上镶上金翠首饰的假发髻，它可以遮蔽真发。另外有的女子除用真发挽梳发髻，也有借用假发梳髻的。蔽髻大多很高，有时高得难以竖起，只能下垂搭在两鬓及眉际，

东晋　顾恺之《列女仁智图》中的卫灵公与灵公夫人

时称"缓鬓假髻"。例如东晋顾恺之《列女仁智图》中的灵公夫人南子的发髻，就是这种样式。

灵蛇髻，传说三国魏文帝甄后，貌美，她梳妆时，常有一条绿蛇在前面盘成髻形，每天形状不同。甄后模仿它梳成发髻，巧夺天工。东晋顾恺之《洛神赋图》取材于三国曹植著名的《洛神赋》。"洛神"相传为古时伏羲氏的女儿在洛水淹死，死后为神，名宓妃，也叫洛神。曹植为追念甄后，假托梦见洛神，写了一篇《感甄赋》塑造了一个优美的女子形象，后来改名《洛神赋》。赋中运用神话寓言的手法，描写诗人在洛水边与洛神的邂逅，以寄托他对不能相结合的情人的伤怀与思念。顾恺之用手卷画的形式，使洛神和曹植在画幅上一次次出现，生动地展现了故事的全过程。画中的洛神是甄后的再现，甄后的发髻，就是"灵蛇髻"之一种。从画上看洛神前边的头发往头顶梳，颈后的头发也朝头顶梳，束于一处，然后头发梳起挽成两个竖立的发鬟，鬟高高耸起。即古之云鬟髻，亦或是南朝的"飞天髻"的雏形。

飞天髻，在南朝，由于受佛教的影响，女子多在发顶正中，分为数股，每股弯曲成髻鬟，作成上竖的圆环式，称为"飞天髻"。这种髻先在宫中流行，

东晋 顾恺之《女史箴图》中正在梳妆的女子

以后普及到民间。在传世绘画中有不少描绘，例如东晋顾恺之《女史箴图》中的女子正在梳妆，先是总发于顶，再分出髻鬟，成向上竖的环形，颈后留有松散的头发，发顶束结处插入竖簪。又如在甘肃敦煌的壁画中画有不少梳"飞天髻"的仙女；还有大同云冈石窟中的仙女。这种髻有飘逸、神秘、飘飘欲仙的感觉，具有生动、清雅的美。如今新编的仿唐乐舞的艺术作品中，演员也常常梳"飞天髻"。

盘桓髻，与灵蛇、飞天等髻齐名，梳时将头发堆积于头顶层层叠叠，弄成弯曲盘旋，故名盘桓。"长安妇人好为盘桓髻，到于今其法不绝"，是西晋崔豹《古今注》中句，看来当年在长安是很流行的。由于盘桓发式优美，直到隋代还有不少女子梳这种发髻。

女子戴冠也较普遍。晋陆翙《邺中记》记载后赵国君石虎云："石虎置女侍中皆貂蝉，直侍皇后。"貂蝉是指装饰在笼巾（或称笼冠）上的貂尾和金蝉，金蝉装饰在额上方帽正中的位置，貂尾则因官职不同，插在冠的左边或右边。因此这种高筒的笼冠，也称为貂蝉冠。1979年山西太原市娄睿墓出土的北齐武平元年女官俑，头上戴着黑色笼冠，冠将头发全部盖住。穿着右衽大袖衫、杏黄长裙、白裤，腰束白带，足穿圆头黑鞋。这样的俑在其他地方也有出土，可见当年女子戴笼冠的是时尚。南北朝间还有各式的冠，有的冠是用巾扎的，籐丝编的（外缠黑线），还有受信奉佛教影响的莲花冠。

隋、唐、五代大约400年间，女子发式承前代传统，又不断更新样式，更讲究美饰，髻形丰富。总体上来说，有两种类型，一种是发髻梳在脑后；一种发髻梳在头顶。梳在头顶的高耸轻俊，又称作高髻，同时流行"义发"，即假发髻，即使真发中也有添加假发的，用以增加髻的高度或者使发髻蓬松。

隋代女子承继前代"倭堕髻""飞天髻""盘桓髻"等等，又创新了许多髻法。被隋炀帝推崇的有"九贞髻""迎唐八环髻""归秦髻""奉仙髻""节晕髻"等等。

唐代是封建社会的鼎盛时期，经济繁荣，使它具备了广泛吸收各族传统文化的雄阔气魄，统治阶级过着穷奢极侈的生活，使女子美饰达到了更高的阶段。女子的发式，沿袭了隋朝之风，演变出名目繁多的发髻，"唐武德中，宫中梳半翻髻，又梳反绾髻、乐游髻"。此外，还有云髻、螺髻、三角髻、双环望仙髻、惊鹄髻、回鹘髻、乌蛮髻、峨髻，异彩纷呈。

云髻，是指一种云状的发髻。唐代阎立本画的《步辇图》中真实地记录了当年的云髻。《步辇图》描绘了唐贞观十五年正月，唐太宗会见吐蕃（今西藏地区）赞普松赞干布派来迎娶文成公主的使者禄东赞的情景。文成公主是唐太宗养宗室女，远嫁吐蕃，在她的影响下，使汉族的碾磨、制陶、纸张、酒等工艺及历算、医药陆续传入吐蕃。对于吐蕃经济文化的发展、汉藏两族人民友好关系的加强，做出了重要的贡献。在《步辇图》中右方，唐太宗坐在由五位侍女簇拥着的步辇上，还有四位侍女撑着伞扇。画面上侍女站立的位置，

唐 阎立本《步辇图》

有正面的、侧面的、背面的，无论从哪一面看她们的发式都很清楚，脑后头发向上梳，前边头发也向上梳，梳成一层落一层的一朵朵的发式，形成云状。

高云髻在唐玄宗天宝年间曾风靡一时，据说这种发髻是杨贵妃梳的。杨贵妃，小名玉环。唐开元二十二年十一月被封为唐玄宗的儿子寿王李瑁的妃子。唐玄宗晚年一心想寻欢作乐，不再励精图治。开元二十四年，玄宗宠妃武惠妃去世，便授意杨玉环出家做女道士，居太真宫。然后玄宗偷偷把玉环接进宫里。次年，封为贵妃，礼遇同于皇后，时玄宗 61 岁，贵妃27 岁。杨贵妃"天生丽质难自弃，一朝选在君王侧。回眸一笑百媚生，六宫粉黛无颜色"。从此玄宗整日过着"春宵苦短日高起，从此君王不早朝"的荒淫生活。杨玉环一人得宠，全家升天，她的父亲当了兵部尚书，母亲封为凉国夫人。贵妃的三位姐姐皆有才貌，都赐第京师，并封国夫人之号。大姐封韩国夫人，三姐封虢国夫人，八姐封秦国夫人。三位夫人可以随便出入宫掖，势倾天下，玄宗称之为姊，皆给钱十万为脂粉钱。三位夫人衣着华丽，发式富贵，光彩照人。唐代画家张萱画的《虢国夫人游春图》就是当时贵族妇女的写照。"三月三日天气新，长安水边多丽人"。唐玄宗为炫耀其升平盛世，特许皇亲国戚、各级官员携妻带妾与民间百姓同赴曲江宴游，玄宗与贵妃兄弟姐妹也赴宴其间。《虢国夫人游春图》就是描绘了杨贵妃姐妹赴宴途中的情景。画面上虢国夫人与韩国夫人身穿春季衣裙，高高的发髻，蓬松、翻卷、飘逸、富贵，乘坐在雄健的骅骝坐骑上，从容不迫，饱览春色。画家的高超技艺，把两位夫人行进时高发摇曳、飘逸的形象描绘得惟妙惟肖。这种发髻就是当时贵族妇女从风而靡的高云髻。

　　高云髻状似高峰耸叠，波环如云。其梳法是用义发梳成层层高耸的波环，戴在头上，再将真发分绺分股进行修饰，边修边将假发埋在真发之中。然后以花箍（冠）、钗、簪、流苏穿插其间，固定发型。髻式线条清晰、层次分明，逸美典雅。每年冬十月，唐玄宗都要和杨贵妃到长安城郊骊山脚下的华清宫消遣，直到来年春暖花开方回皇宫。华清宫建有端正楼，是杨贵妃梳妆的地方。据《新唐书•五行志》称："贵妇以假髻为首饰曰义髻。"杨贵妃喜用义髻，梳成高云髻，也喜穿黄裙。民间痛恨唐玄宗专宠杨家，不理朝政，更痛恨杨贵妃凭借妖姿媚色祸国殃民，爆发了"安史之乱"，将士杀韩国、秦国夫人，

唐　张萱《虢国夫人游春图》

逼玄宗缢杀杨贵妃。虢国夫人至宝鸡仍逃不出刀口，招摇一时的杨氏姐妹遭到应有的下场，天宝末童谣曰："义髻抛河里，黄裙逐水流。"

其实用义发与真发梳高发髻并非始于杨贵妃。用假发作髻戴在头上始于魏晋。东汉明帝的马皇后创四起大髻后，发髻高大，成为统治阶级身份尊贵的象征，贵族女子争相效之。平民百姓女子却难以问津，自称"无头"。如特殊需要，拜访高门，就得向"有头"人家去"借头"（即假发髻），有时"借头"不成反遭奚落，十分懊丧。因此民间编出"宫中好大髻，四方广一尺"的民谣加以讽刺。由于"义髻"流行，就有出卖头发的贫者。晋代流传着这样一个故事。东晋陶侃勤慎吏职四十余年，先后任过县吏、郡守、征西大将军、荆江洲刺史等职，但他从不饮酒、赌博，生活十分节俭，他常常勉励别人要珍惜光阴，被人称道。他的谨慎勤俭的美德与其母亲的教诲分不开。他因家贫，

唐　周昉《挥扇仕女图》(局部)

常有断炊的时候。有一次家中来了朋友，无钱招待，侃母深明大义，偷偷地剪下了自己的头发，卖给做假发髻的人，换回钱来，买了粮油菜，为儿子招待朋友。侃母这一举动一时被传为美谈。用假发妆饰之风一兴，便不可收拾，在汉魏隋唐一直得到女子们尤其是贵族女子的青睐。尤以唐代发髻高耸，陡似山峰，有的高达一尺。有某大臣请唐太宗下令禁止，唐太宗虽然也加以斥责，但仍无禁令。太宗为此事询问近臣令狐德棻："女人们发髻加高是什么原因呢？"令狐德棻回答："头在上部，地位高，发髻大些也有道理。"因此高髻不受任何限制。杨贵妃梳的高云髻，便是高发髻之一。

异彩纷呈的发髻，在唐代周昉的《挥扇仕女图》中有所描绘。这幅画

描绘的是唐代中期宫廷贵妇的生活情景，画中有九位宫廷贵妇和两个侍婢、两个内监。这些贵妇穿着华贵的绸纱拖地束腰长裙。她们个个体态丰腴，都梳高抛的发髻，反映了当年的审美标准。但从她们紧皱的愁眉和沉思的表情来看，虽然在宫中荣华富贵，但是心情却不愉快，过着那度日如年、无聊寂寞的生活。画中女子梳妆的发式有六种形式：

（1）倦懒地坐在椅子上，手执纨扇，但仍要内监打扇的女子，两边鬓发抱面，戴着高耸的花冠。

（2）双臂搭着长绸披巾、右手持小瓶的女子，由侍婢帮着抬琴的女子，坐在绣花架旁正在穿针引线的女子，她们梳的发髻相同。两边鬓发抱面，而后头发返回向头顶，与前额向头顶梳的发，在头顶结为一束，这束发绞成辫，然后折回，同束于顶，形成一绞丝形的长髻。束顶处插以栉。

（3）双手捧盆的女子、倚着梧桐树的女子，她们梳的是两鬓抱面，束于头顶，然后挽成高耸半月形髻，髻前插栉。

（4）内监持镜，正在照镜的女子，双手抚摸着右侧垂下的鬓发，余发于头顶扎结，向后一束发编辫折回同束于顶，插栉。

（5）倚坐在绣花架旁，手执纨扇的女子，两鬓抱面，发束于头顶，梳成形似蝙蝠的高髻。

（6）坐在凳子上背对观者、手执纨扇的女子，她正和倚树女子在谈话。从脑后看，两鬓抱面，束发于顶，向额前梳翘起的绞辫长髻。

这些发式髻形没有具体的名称，但可以看出唐代中期贵族妇女在悠闲享乐的生活之中，不断在发式上追求更多更新颖更美的形式。

唐代周昉画的另一幅画《簪花仕女图》中描绘的仕女发式与《挥扇仕女图》中截然不同。在这幅画中有贵妇人五人、女侍者一人，人物有大小远近之分。贵妇们闲暇无事，玩狗弄鹤，讲究妆饰，穿纱衣，阔袖垂于地，着长裙。贵妇们站立的侧面不同，但是发式相同，都梳着高高的发髻，似陡峭的山峰，就是所称的峨髻，它是中晚唐时期流行的发髻。在陡峭的发峰前簪以花簪，在发峰顶戴上大朵的牡丹花等，显得头上更高，据称当年梳峨髻的竟有一尺多高。梳如此高的髻，都用真发是不大可能的，只能是在真发中加上假发结合梳理。侍女的头发向上梳到头顶，扎束，簪以花簪，发束扎后分为几股，股股挽髻，形成一簇发髻。

初唐和盛唐时期流行双鬟的望仙髻，《洛神赋图》中洛神的鬟髻便是这种。这种发髻的梳法，是由正中分发，分成两股，先拢至头顶两侧各扎一结，然后将发弯曲成环状，并将发梢编入耳后发内。髻形活泼可爱，多见于少女妆饰。

螺髻，顾名思义髻形象螺蛳，多用于儿童发式，唐代妇女也有梳螺髻的，如甘肃敦煌壁画之中。这种梳法，也是由正中分发，分成两股，先拢发至头顶两侧各扎一结，然后将发编辫，盘成螺壳状。对后代也有影响，宋、明、清代绘画中画的童子大多是螺髻。

东晋 顾恺之《洛神赋图》局部

　　五代妇女发式承继唐风。顾闳中画的《韩熙载夜宴图》中可以窥见五代妇女发式之一斑。画中主人公韩熙载是南唐中书舍人，是个很有才干而不拘礼法的人，好声色，家里蓄养了许多歌舞伎，常常邀集宾客，专在夜间作乐。后主李煜（李昪之孙）想了解这一情况，就派画家顾闳中到韩家去窥探。顾氏通过目睹心记，回来后画了这幅画向后主交差，这便是传世闻名的《韩熙载夜宴图》。这一幅画卷以韩氏夜间作乐生活情节展开，分作"听乐""观舞""休息""清吹""送别"五段。"清吹"一段有歌舞伎八人。其中教坊副使李家明的妹妹和善跳六幺舞的王屋山，差不多每段都在场。李妹及其她歌舞伎的发式，大都是梳发到头顶，集束扎结，然后挽高髻，稍垂于后。在束扎处簪珠翠花籫，只是发髻有的平一些，有的陡一些。而王屋山的发式却不同，她的发拢至脑后挽髻，脑后蓬松，髻下有鬓，在髻周

五代　顾闳中《韩熙载夜宴图》（局部）

围及脑后髻上簪以珠玉翠花箍、花簪。

唐、五代妇女以妆饰发髻为时尚，满头饰以金银珠玉翠（即用翠鸟羽毛制成的蓝紫色贴片）的钿花、簪、钗、步摇，还有牙梳篦（栉），或通草、绢罗做的花朵。戴鲜花编的冠，或用通草、绢罗花编的冠，也很时兴。这种满头装饰给后代影响较深，以致后世绘画作品中描绘唐代妇女，往往画高髻、簪饰满头的形象。

宋代妇女发式继承唐风，也流行高发髻，并盛行戴高冠，由中、晚唐兴起的花冠盛行于宋。妇女的美饰，着眼于头部。高发髻便于美饰，又显得庄重、高贵，还能陪衬体态。因此，发髻在继承唐风的基础上，又有所创新。

朝天髻。《宋史·五行志》云："蜀孟昶末年，妇女竞治发为高髻，号朝天髻。"这种髻，梳发于顶，编成两个圆形髻，然后将髻朝前反搭，伸向前额，再在束发处插簪钗，以固定位置，并支撑发髻前端翘起。例如建于宋代的山西太原晋祠圣母殿中的彩塑侍女像。

同心髻。梳发拢于头顶，然后绾成一个圆形的发髻，头簪从中心绾住发髻而得名。

流苏髻。梳法基本上与同心髻相同。只是在梳髻的根部系上长丝带，丝带垂于肩。

每梳高髻，自身真发是不够用的，一般都掺加假发。有些就是用假发编成各式发髻，用时套在头上，时称"特髻冠子"。

在贵族女子中以高髻或戴假发高髻为时尚。据说宋真宗的两个妹妹由于家道贫寒，无力购买假发，更没有金银首饰。真宗去世后，她们进宫探望真宗遗孀刘太后，刘太后可怜她们年老贫困，便赐给她们珠玑帕首，又给她们购买假发的银两。

太原晋祠圣母殿中的彩塑侍女像

高冠。宋代妇人戴高冠首先起于宫廷，而后流传于民间，实际上是贵族妇女。《宋史·舆服志》载："端拱二年诏……妇人假髻并宜禁断，仍不得作高髻及高冠。"讲的是宋初已出现戴高冠，端拱二年就想禁止，但当时此风却愈来愈盛。在宋《清波杂志》卷八、元《文献通考》卷一一四等书中都有类似记载。在《宋史·舆服志》中还有记载："皇祐元年，诏妇人冠高毋得逾四寸，广毋得逾尺，梳长毋得逾四寸，仍禁以角为之。先是，宫中尚白角冠梳，人争仿之，至谓之内样。其冠名曰垂肩等，至有长三尺者；梳长亦逾尺。议者以为服妖，遂禁止之。"朝廷虽下禁令，但禁而不止。据宋王得臣《麈史》卷上叙称："妇女衣服涂饰，增损用舍，盖不可名纪。今略记其首冠之制，用以黄涂白金，或鹿胎之革，或玳瑁，或缀彩罗，为攒云、五岳之类。既禁用鹿胎、玳瑁，乃为白角者，又点角为假玳瑁之形者，然犹出四角而长矣。后至长二三尺许，而登车檐皆侧首而入。俄又编竹而为团者，涂之以绿，浸变而以角为之，谓之团冠。复以长者屈四角而下，至于肩，谓之鞉肩。又以团冠少裁其两边，而高其前后，谓之山口。又以鞉肩直其角而短，谓之短冠。今则一用太妃冠矣。

始者角冠棱托以金，或以金涂银饰之，今则皆以珠玑缀之。其方尚长冠也，所傅两脚旒亦长七八寸。习尚之盛，在于皇祐、至和之间"。此等鹿胎冠、玳瑁冠、鲟肩、白角团冠，到北宋末期以至南宋时仍行于世。宋李廌《师友谈记》中，记述宋哲宗朝事迹称："宝慈暨长乐（即高太后、向太后）皆白角团冠，前后惟白玉龙簪而已，衣黄背子衣，无华彩。太后暨中宫皆镂金云月冠，前后亦白玉龙簪，而饰以北珠。珠甚大……"文中所说的团冠和云月冠在河南禹县白沙出土的北宋哲宗元符三年赵大翁墓的壁画以及同时期白沙二号墓壁画中可见。

宋代宫廷中的凤冠亦已定型，极其铺张奢侈，故宫旧藏的宋真宗皇后像戴凤冠，竟然将西王母率队赴宴的故事都陈列于一冠之上，其中所用珠玉不计其数，镶嵌工艺之精，令人赞叹。

花冠。在发髻或者中冠上簪花古来有之，唐代中晚期已兴起了戴花冠，《挥扇仕女图》中那位体态丰满的夫人，戴着花冠。到了宋代妇女戴花冠更加盛行。花冠有两类，一种是用鲜花制作的冠，如牡丹、芍药等大朵的鲜花，还有用应时鲜花如荷花、菊花、梅花、桃花、杏花等制冠插戴，使之耸立于头顶，巍峨有生气。另一种是用绢缎纱罗或通草花朵制成的，它能长久保留，不变形。宋代不仅妇女插戴花朵，就连朝廷有些庆典中，君臣上下一体簪花。宋代还规定了在幞头上簪花的簪花制度，可见宋代簪花风气之盛。

角冠。特髻冠子、花冠都见于宋人著录，《东京梦华录》中北宋都城汴梁"相国寺内百姓交易"一节，有卖"花朵、珠翠头面、生色销金花样幞头帽子、特髻冠子……"

宋真宗皇后像

铺子。"诸色杂卖"一节有专修幞头帽子、补角冠的。南宋《西湖老人繁胜录》"诸行市"条中记载临安地方有鱿冠市。南宋吴自牧《梦粱录》卷十三"诸色杂货"一节载：在临安有修幞头帽子、补修冠、修洗鹿胎冠子等走街串巷的手艺人。同书卷二十"嫁娶"一节中载：士宦"下财礼"除金银绸缎，还有"珠翠特髻、珠翠团冠、四时冠花、珠翠排环等首饰"。在迎娶新娘前，男家要送盖头等，其中有"催妆花髻"。两宋时期由宫廷到民间，高髻、特髻冠子、花冠非常盛行。

明初建都南京，永乐年间迁都北京，统治中心由南向北转移，也带来了江南的经济文化和江南人民的生活习惯。秦淮女子讲究梳妆打扮美发之习惯随之北上。明隆庆初年，江南妇女时兴圆扁髻，髻上用宝花，取名挑心髻，又有螺旋髻、鬏髻。这些发髻都是用假发制作的，用时戴在头上，只是不及宋代假髻之高罢了。

明都北迁与北方诸民族生活习惯融为一体，也融于发式之中。为满足明代宫廷及贵族官宦妇女梳妆，一些梳妆装饰用品的南方店铺，经过运河到北京落户。京城有了南方的梳具、假髻、脂粉等化妆饰品。明代初期，妇女发髻尚平，发髻钗簪多用珠翠，不用金银。到明末妇女发式趋向高髻，并以蓬松为尚，发髻上装饰趋于华贵，头饰一改前期饰发风气，以金银钗簪为主，有金质镂花、金质花丝、银质錾花、银胎景泰蓝、银胎烧蓝饰方发髻最为常见。

南方妇女流行的遮眉勒是戴在前额上的一种装饰。遮眉勒，大概起源于商代，原是年老妇女秋冬间护发御寒之物。到了明代却成为年轻俊俏女子的时髦饰物。最初的勒

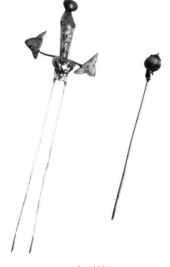

金玉簪钗

子只是一条布带箍在额头。后来做工越做越讲究，用较硬的布衬（袼褙）做成二至三寸宽，中间略宽的头箍，外边包上黑色绸缎或黑色天鹅绒，冬天或用貂皮，再沿上边口，在勒子的正中用珠翠花朵作点缀，有的整条勒子缀珠花数朵，有的将最好的宝石、最大的珍珠缀在正中，以表示富有。北方的已婚妇女也纷纷使用遮眉勒，只是额头上的勒子，使发髻稍稍后仰，较江南妇女的平髻略有变化。北方冬季寒冷风大，勒子多用貂皮制作，称为貂复额。总之，勒子在明代盛行，无论是宫廷贵妇还是民间女子都掀起遮眉勒子热，由于贫富之别，勒子的质地以及勒子上缀的饰物有所差别。这种遮眉勒子比较实用，因此直到清代仍在流行，尤其是汉族女子，江南女子更喜爱它，不过在清代宫廷服饰制度中，后妃所戴的改称为"金约"了。

清代满汉发式

清代是我国历史上最后一代封建王朝，这代王朝的统治集团是满族贵族，它崛起于我国东北的白山黑水之间。1644 年顺治帝入关。在定都北京前对于降服的故明臣民下令剃发。《东华录》记载，顺治元年五月下令："凡投诚官吏军民皆着剃发，衣冠悉遵本朝制度。"

在入关之初，为了缓和民族矛盾，笼络民心，又曾下谕旨："前因归顺之民无所分别，故令剃其发以别顺逆。今闻甚拂民愿，反非予以文教定民之本心矣。自兹以后，天下照旧束发，悉从其便，予以不欲以兵甲相加……"初入关时，南方大局未定。为了巩固封建王朝的利益，朝臣的服制，犹如《研堂见闻杂录》所记："我朝之初入中国也，衣冠一承汉制。凡中朝之臣，皆束发顶进贤冠，为长袖大服，分为满汉两班。"顺治二年，清统治局势稳定，便厉行剃发结辫和穿戴清人衣冠。六月谕礼部："向来剃头之制，姑听自便者，欲俟天下大定也。此事朕筹之最熟，若不归一，不几为异国之人乎？自今布告之后，京城内外，直隶各省，限旬内尽行剃完。若规避惜发，巧词争辩，决不轻贷。该地方官若有为此事渎进表章，欲将朕已定地方仍存明制，不遵本朝制度者杀无赦。"真是杀气腾腾的剃发令。当时男人处于留头不留发、留发不留头的形势。京城汉族臣民被闹得人心惶惶。随之街上出现了走街串巷的剃头匠，肩上担着一头是面盆，一头是工具兼坐凳的"剃头挑子"。据说坐凳是斩头用的，挑子的扁担头上插着一根杈，是用来悬首级的。自此以后，男人一概剃发，即按满族男子习俗，将原来汉族蓄发绾髻的形式，剃去前一半儿头顶头发，留下脑后一半与耳际长发梳起编成长辫垂在颈后。剃发令激起各地汉族男子的反抗，迫使清朝廷不得不采纳明代旧臣金之俊"十不从"的建议，在"男从女不从，仕宦从而婚不从"等情况下，汉族女子发式、巾冠仍延续明代式样。

明末清初，汉族妇女发髻喜欢蓬松、高卷。但高度上比起汉唐的高发髻似有明显的收敛，可是仍以蓬松、飘逸、动荡为美。这一时期流行的牡丹髻、钵盂髻、蓬松扁髻最为时兴，几乎是封建贵族少妇的相同发髻。

牡丹髻。它是一种高发髻，其梳法十分繁复。先将所有的头发往上梳，集在头顶中部，用丝带扎紧。再分成六至八股，每股单独向上朝一个方向卷至顶心。然后将发梢折回头顶，再用发箍、发簪挽住发梢。卷发折回时有些回松，一股股卷发，分别堆出层次，酷似盛开的牡丹花。梳牡丹发髻头发少时，须加入一定的假发，才能将发髻梳的大并且蓬松。

钵盂髻。此发髻造型以与覆盖着的钵盂相像而得其名。钵盂髻梳法与牡丹髻很相似，同样在头顶中间将发髻集成一束，在离头顶20—25厘米处再束一丝带，将发梢与第二层摊在头顶正中用发簪把发髻固定。用假发做一钵盂盖形扁髻，扣在头顶发髻上，用横簪横穿贯之，将真、假两髻连在一起。极富装饰情趣。清人李渔《闲情偶寄》中称："今之所谓牡丹头，荷花头，钵盂头，

明 陈洪绶《夔龙补衮图》描绘的明代贵妇与侍女

种种新式，非不穷新极异，令人改观。"

蓬松扁髻。这种发髻与前两种发髻梳法不同，其特点就在"蓬松"二字上。先将头发集中在脑后，在脑后围成一个圆髻，再用簪钗固定发髻与发梢。左右两侧鬓发松松地拢在一起，前额上的刘海也松松地卷起。与脑后圆髻形成蓬松的完整发髻，稍有抚碰，就可松散。

此外，取样于江南的苏州撅、盘龙髻、盘心髻、如意缕、散心髻等，也极为流行。有的繁复，有的简单，以至在颈后挽起一个"马粪纂"的发髻也曾在广大妇女中广泛传播。但无论哪一种发髻，都要进行美饰，用金银珠玉翠制的簪、钗和各式头花插戴在发髻周围。

同时，假发（义发）和装饰前额的遮眉勒子等仍然十分流行。清李斗《扬州画舫录》中记述了清康熙帝、乾隆帝南巡所经扬州时的风貌，扬州风景秀丽，经济繁华，在该书"小秦淮录"一节中介绍了小东门外翠花街是专卖妇女妆饰及服装的一条街。文中写道："翠花街，一名盛新街……肆市韶秀，货分队别，皆珠翠首饰铺也。扬州鬏勒，异于他地，有蝴蝶、望月、花篮、折项、罗汉鬏、懒梳头、双飞燕、到枕松、八面观音诸义髻；及貂覆额、渔婆勒子诸式。"当年扬州小秦淮上的歌妓大多梳双飞燕，到枕松，还有苏州勒子、貂覆额等义髻。这种汉族女子时兴的梳妆打扮不仅在扬州流行，并且遍于江南，竟还出现在清代宫廷生活之中。

《桐荫仕女画》是康熙时期宫廷画家所画，为八扇屏风油彩画，屏风背面是康熙帝御笔临明董其昌书《洛契赋》诗。油彩画以园囿中的亭、台为背景，其间有七位汉服装束的女子。她们各有不同的姿势，倩影亦有远有近。她们的服装均为对襟高领宽袖或交领宽袖短衫，下穿长裙拖地，外罩交领长衫，衣袖既长又宽。所梳发式，两鬓稍松，束发于顶，挽覆钵式髻，或梳发偏后，挽蓬松扁髻。她们发式有异，但颈后垂的燕尾相同。脑后剩下的发梢称髯，梳成扁长形的髻，俗称燕尾。也有插入假发的燕尾，垂于颈后。

彩画《仕女图》是康熙时宫廷画家焦秉贞所绘，共十二幅。每幅图中都绘有三五成群的汉装女子在风景雅致的花园中观花赏景、嬉戏娱乐的情

《桐荫仕女画》油画屏风

景，画家的妙笔把 12 幅画的不同侧面画得栩栩如生，就连细微部分都刻意描绘，如头发的纹理、衣服的折痕都相当清晰。画中不少女子梳的发髻是钵盂髻，从梳法上来看，有的稍稍向前，有的略向后倾。有的女子，前边头发分中缝，向后拢集头顶，脑后头发束在一起，挽起，颈后或垂燕尾，或松散发梢。所有发髻上、两鬓上都插珠翠花簪美饰。

工笔彩画《雍正十二美人图》共 12 幅，画上没有署名。从作画风格来看是当时宫廷绘画的传统之作。画中女子是雍正帝的妃子，但也有人认为该画作于雍正帝即位之前。由于康熙帝晚年众皇子争夺皇位斗争十分激烈，时为雍亲王的胤禛让画家画这些美人画，是一种韬晦之计，为自己争夺皇位做掩饰。如果此说有理，那么画中的女子，应是雍亲王府中的福晋（正妻）、侧福晋（妾）等，她们还要等到胤禛即帝位后，再册封为后、妃、嫔等。

我们认为，该画应作于雍正帝即位之前。从"持书展卷图"和"手持铜镜图"两幅图的内容来看，两位女子居住的寝室内背景墙上都有诗句。一为米元章（米芾）款，一为"破尘居士"署名。"持书展卷图"中，枫叶的挂轴上诗曰："樱桃口小柳腰肢，斜倚春风半懒时。一种心情费消遣，细编欲展又凝思。"对于这首诗，是否真为米元章所书暂不可考。但从诗的含义上推敲，这是一首描写美女情怀的诗。中国古代的封建帝王，素以庄重君子的面孔出现。即使留恋女色,表面上仍旧道貌岸然。在后宫后妃居住的地方怎能张挂赞扬美女的诗呢?再有,封建的伦理道德观念是十分严肃的,女子讲三从四德,在后妃居住的地方挂些母仪典范的字画尚可,如若面对赞美女子容貌的诗,岂不要引起淫乱之心吗?因此这画中女子居处绝非后妃住处,而是体现了美人的居室特点。再看"手持铜镜图",画中挂轴只露出几句诗"只恐红颜减旧时""风调每怜谁识得""分明对面有知心"……也是美人自觉伤感的句子。署名"破尘居士",印为"壶中天""圆明主人"。"破尘居士""圆明主人"都是雍正帝为皇子时自题别号。从画中半露的诗句看,自然是雍正帝的诗。翻开雍正帝的《清世宗御制文集》卷二十六,其即位之前作的两首诗,恰恰与这两幅画中的诗句相对应。在题为《持书展卷图》诗中有两首七言诗:"丹唇皓齿瘦腰肢,斜倚筠笼睡起时。毕竟痴情消不去,缃编欲展又凝思。""小院莺花正感人,东风吹软细腰身。抛书欲起娇无力,半是怜春半恼春。"另一幅《手持铜镜图》四首诗曰:"手摘寒梅槛半枝,新看细蕊上簪迟。翠环梳旧频临镜,只觉红颜减旧时。""晓妆髻插碧瑶簪,多少情怀倩竹吟。风凋每怜谁解会,分明对面有知心。""竹风飒飒振琅玕,玉骨棱棱耐峭寒。把镜几面频拂拭,爱他长共月团栾。""晓寒庭院闭苍苔,妆镜无聊倚玉台。怪底春山螺浅淡,画眉人尚未归来。"

从以上画与诗对照,几乎可以确定 12 幅图是雍正帝即位前宫廷画家所作的雍王府内众美人的图。同时,从雍正帝的诗中,可以看出他对美人的美容、美姿、美态、神韵、心情、情感合盘道出,无疑是他思想深处追求美人的审美观点。这一观点是清代帝王诗作之中空前绝后的作品。

这 12 幅美人图,作画取材各不相同。大多在室内,也有在庭院的。室内的布置典雅,有传统的博古多宝格,有书房中的文房四宝等文具,也有起居卧房。环境幽静,充满富贵豪华气氛。还有圆明园中的书房、寝室、庭院的真实写照。画家又通过鸟兽的出现、花木的变换、用具的不同形式以及美人们着装(纱、单、夹、棉、皮)的不同,表现了春、夏、秋、冬四个季节的变化。

图中的 12 位美人,个个细眉凤目。从面容、发式看,有些重复出现在

《雍正十二美人图》之"夜间秉烛缝衣图"

画面中，我们认为可能是4位美人。首先从美人的发式上观察："夜间秉烛缝衣图""手持如意观花图"和"手持手串图"3幅，发式类似，梳的都是钵盂髻，外用横簪插入固定。"倚桌观杏图""倚门赏花图"两幅中的女子额头都戴遮眉勒子，露出的发髻有别于钵盂髻。从图上看其梳法是将前、后及两鬓头发拢集于脑后，再将发梢弯回头顶正中，挽成圆髻。发梢用簪钗横贯固定。这个发式没有钵盂髻高，前额较平，便于戴勒子。

《雍正十二美人图》之"手持如意观花图"

《雍正十二美人图》之"手持手串图"

《雍正十二美人图》之"倚桌观杏图"

《雍正十二美人图》之"倚门赏花图"

《雍正十二美人图》之"坐榻观鹊图"

《雍正十二美人图》之"坐椅持带图"

"坐椅持带图""坐榻观鹊图""树下品茗图"3幅图中女子发式大致相同。其中一位戴遮眉勒子，头上发髻梳得偏后，梳法较之前几幅图稍有些变化，如将发集于头顶后，又分作两绺分别挽成环状，再固定发梢。

这与晋时的云鬟髻、唐时飞天髻大有相近之处。但发鬟较靠脑后，别有一番韵味。这种髻梳好后头顶较平，适合戴遮眉勒子。"手持怀表图""持书展卷图"2幅图中的女子发式头顶无髻，头发向后，梳成一层一层卷云式样，分别戴着绸巾、纱巾，未露发髻。很可能是挽个蓬松髻在脑后。"手持铜镜图"和"倚床取暖图" 2 幅图画，分别画着头戴黑绒冠、貂皮卧兔冠，未露发髻。

从 12 幅图中能见到的发髻有四种形式，无论哪种发髻，颈后的短梢发，都是披散着的。估计这些发式都是清朝前期汉族女子流行的发式，它反映到宫廷中来，因此画家才以写实的手法记录下来。

其次，从着装上看，12 幅图

《雍正十二美人图》之"手持怀表图"

《雍正十二美人图》之"树下品茗图"

《雍正十二美人图》之"持书展卷图"

《雍正十二美人图》之"手持铜镜图"

《雍正十二美人图》之"倚床取暖图"

都着汉装，里面穿的是对襟高领上衣，领上有两对蝶式金银扣，下穿长裙。裙宽大拖于地，所系腰带亦垂地。腰间挂玉佩饰。外面罩交领阔袖长袍，四䙆袍，领沿花边交于胸前，金玉扣饰。这种着装据沈从文先生《中国历代服饰》中考证，是明末清初江南汉族女子的发式及着装，都充分反映在清代宫廷之中。

故宫博物院现存一幅乾隆妃子梳妆像。据载是嘉庆四年从圆明园双鹤斋的墙上摘下来的。画面上妃子面目清秀，额上戴青绒遮眉勒子，脑后梳环髻。髻根部钗簪金累丝嵌珠花箍一周。两鬓后簪串珠步摇。妃子内穿对襟高领短袄，外罩交领宽袖袍。

乾隆一朝，留有许多行乐图，如《岁朝行乐图》《元宵行乐图》《雪景行乐图》等等，都是皇帝与妃子及皇子、侍从在花园中游玩赏景的写实画。乾隆帝、皇子、侍从们绾髻穿汉装。妃子亦着汉装，梳汉髻，簪钗头饰。及至嘉庆妃子像中也有汉装、汉发出现，与《雍正帝十二美人图》中相同，可见汉装在清代宫廷中影响之深。

乾隆妃子梳妆像

　　为什么在坚持满族服饰传统的清代宫廷中，多次出现着汉装妃子的画像呢？这些与清代宫廷中真实生活着的后妃们截然不同的装束，宫廷画家未经过皇帝许可是不可能刻意描绘的，也不可能世世代代保留下来的。

　　我国是一个多民族国家，各民族的穿着和发式都不尽相同，但却是民族文化生活的一种体现形式。由于我国历史发展过程中，大多数封建王朝的统治者是汉族，汉族女子的服装、发式在我国几千年文明史中根深蒂固，源远流长，影响广泛。故汉族女子的发式贯穿在整个历史发展进程中。其他各民族女子也有其民族特点的发式，但是，由于地区性、局限性或短时性，没能在全社会流行。汉族统治的几千年间，妇女绾髻有各种名称，大体可以归结为云髻、高髻、扁平髻、假发（义发），这些都反映了历代女子在梳理头发中的审美标准。梳头绾髻不仅体现了所处时代的特点，还能表

明代妇女的花边裙

现出女子稳重、贤淑、温顺、娇柔、妩媚的共性及个人的修养和个性。至于服装，自古相传上衣下裳。从商周至宋明的女子服装，千变万化，仍不出上衣下裳的范围。宫廷贵妇至民间女子，虽然式样、材料区别很大，但仍为衣、裳。从衣服上可以区别富贵贫贱，富者质优豪华，以绸缎纱等为料，贫者俭朴，以麻棉为衣裳。但无论穷富，穿衣必配裳，而裳必系于腰际，以显示女性的形体优美。"窈窕淑女"俗称"苗条"，或称"柳枝腰"，是对美女身姿的一种赞美。穿上裳（长裙）走起路来婀娜多姿，加上高领宽袖的上衣和飘带，又平添几分飘逸之感。因此汉装流传甚远，备受欢迎。如今，我们看到唐、宋、明等朝代的戏剧歌舞，欣赏其服装甚觉奇美无比。故清初的宫廷后妃们喜欢汉装、汉发，用汉装、汉发打扮自己也就不足为怪了。

其次，满汉通婚，为满族汉化装饰奠定了基础。

清定都北京后，移居关内的满族人首先吸取了汉族的先进文化，改变了原有的传统风俗。清统治者为了保持封建政权的武装力量，不得不三令五申地提倡满语、骑射等传统习俗。但对处于高官厚禄、养尊处优的满族八旗子弟来说，根本无济于事，反而促进了满汉生活方式逐渐一致。不仅衣、食、住、行十分接近，就连端阳、中秋、元旦等节日活动也日趋雷同。与此同时，满族若干习俗也被汉族所吸收，如满族妇女"盘头窄袖而不裹足"的简便装束，对汉族妇女有着强烈的吸引力。汉族女子的蓬松高髻、宽衣肥袖也深为满族妇女深深地喜爱与追求。清代初年，虽然满汉女子发式多少还各自保留着原有的形式，随着时间的推移双方都有明显的变化。清代宫廷后妃发式的变化，主要来源于汉族妃嫔入宫。

在封建社会里，皇帝的婚姻都是以政治联姻为目的的。满族自古依恃蒙古，故清代早期的后、妃大多是满族、蒙古族人，并立下"严禁满汉通婚"的禁令。清入关后，统治者从统治全国的大局出发，将联蒙、娶汉视为长久统治的良策。于是入关后顺治帝于顺治五年八月二十八日谕户部："朕欲满汉官民共同辑睦，令其互结婚姻，前已有旨。嗣后凡满洲官员之女，欲与汉人为婚者，先须呈明尔部，查其应具奏者，即与具奏，应自理者，即行自理。其无职人等之女，部册有名者，令各牛录章京报部方嫁，无名者听各牛录章京自行遣嫁。至汉宫之女，欲与满洲为婚者，亦行报部，无职者听其自便，不必报部。其满洲官民娶汉人之女，实系为妻者，方准其娶。"禁令大开，清顺治、康熙、雍正、乾隆四帝的妃嫔中，不乏汉族女子。

顺治帝的恪妃石氏，为户部侍郎石申之女，滦州人，本为汉族。满汉通婚令后，石氏以汉族女子得选中为妃。石氏进宫，皇帝恩赐她住紫禁城内西六宫的永寿宫。所着官服外，平时均穿汉装。顺治帝还赏石氏之母——赵淑人乘肩舆进西华门至内右门下舆，入宫行家人礼，并赐其重宴等殊荣。不久，册封石氏为恪妃，薨于康熙六年。

康熙年间，后妃制度齐备，规定在同　时间内后宫可有皇后一人，皇贵妃一人，贵妃二人，妃四人，嫔六人，贵人、常在、答应无定数。康熙帝在位时间长，他的后妃在清朝诸帝王中也最多，皇后出于满族，而妃、嫔中出身于汉族的女子有：

顺懿密妃王氏，是知县王国正之女，康熙二十年入宫，五十七年十二月册封为密嫔，雍正二年晋尊为皇考密妃，乾隆元年十一月尊为皇祖顺懿太妃。乾隆九年十月十六日薨。

端嫔，董氏，员外郎董达齐之女。

穆嫔，陈氏，陈岐山之女。

熙嫔，陈氏，陈玉卿之女。

襄嫔，高氏，高廷秀之女。

静嫔，石氏，石怀玉之女。

雍正帝在未称帝前，已纳汉族女子为侧福晋，称帝位后被封为妃嫔的有：

敦肃皇贵妃，年氏，年遐龄之女。雍正帝潜邸时为侧福晋。雍正元年封贵妃，雍正三年病重，晋皇贵妃。

纯懿皇贵妃，耿氏，入侍雍王府为格格。雍正元年封裕嫔，雍正八年晋裕妃。乾隆四十三年，尊为皇考裕皇贵太妃，乾隆四十九年薨。

齐妃，李氏，雍正帝为雍亲王时，为侧福晋。雍正元年晋封齐妃。

谦妃，刘氏，雍正十一年封为谦嫔。雍正十三年尊为皇考谦妃。

《令皇贵妃与幼子永琰像》

懋嫔，宋氏，主事金柱女，康熙年间入宫号格格。雍正元年封懋嫔。

乾隆皇帝时，汉族女子、汉旗女子被册封为妃嫔的人有：

孝仪纯皇后，魏佳氏。内管领清泰之女。乾隆十年，封为贵人；同年晋封令嫔；乾隆十三年，晋封为令妃；乾隆二十四年，晋封为令贵妃。乾隆二十五年生皇十五子永琰（即嘉庆帝颙琰），乾隆三十年晋封为皇贵妃。乾隆四十年去世，谥令懿皇贵妃。嘉庆帝继位，尊为孝仪纯皇后。魏姓本汉军八旗，后抬入满族，改魏佳氏。

慧贤皇贵妃，高佳氏。大学士高斌之女。雍正十二年，为侧福晋。乾隆登基后封为贵妃，乾隆十年，晋封为皇贵妃。薨，谥曰慧贤皇贵妃。

纯惠皇贵妃，苏佳氏。事高宗潜邸。高宗继位后封纯嫔，累进纯皇贵妃。薨，谥曰纯惠皇贵妃。

庆恭皇贵妃，陆氏。初封常在，累晋庆贵妃。仁宗即位后，追尊为庆恭皇贵妃。

淑嘉皇贵妃，金佳氏。事高宗潜邸，为贵人。乾隆初，封嘉妃，累进嘉贵妃。薨，谥曰淑嘉皇贵妃。

婉贵太妃，陈氏。事高宗潜邸。乾隆间，自贵人累进婉妃。嘉庆年间为婉贵太妃，在寿康宫居住为首位。薨，年92岁。

芳妃，陈氏。陈廷纶之女。

怡嫔，柏氏。柏世彩之女。

仪嫔，黄氏。雍正时为高宗藩邸格格。

由此可见，清朝前期，皇帝纳汉族女子为妃，并不罕见。既然在顺治帝时已开汉族女子入宫、并着冠服均为汉装之例，康、雍、乾三朝虽没有明谕，但宫内汉族妃嫔平时仍可汉装汉发。当然在典礼之中必须穿戴清朝典制中的冠服的。这里也可以想象得出，《雍正十二美人图》中汉装装饰，在乾隆朝更是屡见不鲜，实际上是清宫后妃生活的真实反映。

在另一幅描写乾隆帝的行乐图——《威弧获鹿图》中，我们还可以看到前后两匹奔驰的马背上一位是身着清装的乾隆帝，正在手拉弓箭，射中前面的一只公鹿。另一匹马背上坐骑着一位妃子。妃子伸手递箭与帝，俩人配合十分默契。这位妃子并非满族打扮，更非汉族衣着，而是十足的维吾尔族装束。她就是乾隆诸后妃中唯一的维吾尔族妃子——容妃。说到容妃，有很多关于她的传说，我们姑且不去谈论，只是从容妃的身世以及从画面中看到的与皇帝在一起仍然保留维吾尔族装束、维吾尔族发式。容妃是秉持维教始祖派噶木巴尔之后裔。其兄图尔都不屈从叛酋霍集占兄弟的统治，配合清军平叛有功，特受清朝封赏一等台吉。乾隆二十五年，遵旨由新疆来京，容妃随和卓氏一同入京。同年六月，容妃入宫，受封为和贵人，年27岁。不久，晋封为容嫔。乾隆三十三年册封为妃。乾隆三十年，乾隆帝第四次南巡，时为容嫔的和卓氏随行。此外，容妃曾多次随乾隆帝去圆明园、热河行宫（承德避暑山庄）和木兰围场。可见，其为乾隆帝至为宠爱的后妃之一。乾隆帝宠爱容妃，极为尊重维吾尔族习俗，在生活上给予容妃种种特殊照顾。

乾隆帝怕她离家日久思念故土，特在西苑（今中南海）南海之滨建宝月楼，遥望维吾尔族在北京的聚居地。又在圆明园建远瀛观，做礼拜寺。寺旁方外观是容妃的居室。乾隆更尊重她的生活习惯，在宫中特备维吾尔族膳房、维吾尔族厨役，做维吾尔族饭菜等。容妃入宫后一直身着维吾尔族服装，头梳两条发辫。《威弧获鹿图》中描绘的容妃头戴冬朝冠，两条发

《威弧获鹿图》局部．

辫垂于两肩。身着黄色拜丹姆花纹的长袍,外套立领黄色底拜丹姆背心。发式和衣服纹饰是传统的维吾尔族式样。从画面上容妃紧跟乾隆纵马驰骋、挽弓而射的自然神态来看,容妃可谓宠冠六宫了。

生活在清宫中的后妃,由于种种原因,在着装方面可以得到某些恩准(皇帝的许可),在清代除规定的满族服饰制度以外,还有汉装、汉发、回装、回发的存在。

再有,康熙、乾隆两帝南巡对宫廷后妃装束的影响。

康熙帝一生六次南巡,乾隆帝追随其祖父,也曾六次南巡。两帝南巡,都曾到了长江南北。南巡的目的:政治方面,即为了加强满汉地主阶级的联合统治;经济方面,譬如治理河患、体察民情等。帝王出巡,当然更不能排除游山玩水、饱览长江南北风光的目的。另外,从《扬州画舫录》一书的记述中可以了解到清代两帝在南巡途中对扬州的风景园林、饮食文化及秦淮女子的穿着打扮、街市商贾之繁荣及应时服饰、装饰品等,无一不感到极大的兴趣,大有临摹、仿照、跟着学的势头。除扬州外,苏州、杭州等地素有"上有天堂,下有苏杭"之称,自宋代以来经济繁荣,文化发达。在清代两帝南巡中,虽没有直接的南巡记录,但从一些画面上仍能见到其热闹的场面。据比较,比宋代名画《清明上河图》的繁荣情景有过之而无不及。康熙、乾隆两帝所见所闻、汉族民间的传统习俗,在极短的时间内就完全反映到清代宫廷生活中。据此推测,汉族女子的装束和打扮在清宫后妃中出现就理所当然了。

既然清帝行乐图中妃嫔的汉装汉发屡见不鲜,包括皇帝本人亦汉服冠巾的反复出现,这与清入关后的祖训"惟恐子孙仍效汉俗,预为禁约,屡以无忘祖宗为训,衣服语言,悉遵旧制"有所悖。但乾隆帝却在其《宫中行乐图》诗注中说:"此不过丹青游戏,非慕汉人衣冠,向为《礼器图序》已明示此意。"乾隆帝把着汉装看作单纯的丹青游戏,那么妃嫔着汉族装饰可能不仅仅是为"丹青游戏",因为白顺治帝时已开创了汉族妃嫔着汉装的先例了。

乾隆帝也曾下旨江南三织造,为其母孝圣皇太后定制汉装。据乾隆二十三年造办处行文载："正月初七传旨着交苏州安宁做缂丝汉装蟒袍一件。绿地紫万字缂丝龙裙一件。先画样呈览。蟒袍身长三尺四寸,袖长二尺七寸,裙长二尺八寸。"又载："本月二十日,员外郎金辉将画得绿地紫万字缂丝裙纸样一张持进交太后。奉旨,准照此样做汉装裙子一条。缂丝做立水绿地紫万字地花样,要凤穿牡丹。其汉装蟒袍做大红万字地兰云彩汉装蟒袍一

《孝圣皇太后像》

件,钦此。"蟒袍是明代宫廷后妃服装。如果说,清宫后妃们喜欢汉装汉发及汉族贵妇装饰,平日起居穿戴一番,是追求新颖、兴趣的话,那么,乾隆皇帝为其母明令下旨制作汉装却是十分罕见的。

综合以上诸方面的因素,形成了清代皇帝对后妃装束的审美观点,也就不难理解宫廷画家能以工整、纤细的笔意,刻画描绘汉发式、汉服饰了。因此一幅幅美发、美容、美姿、美衣的后妃行乐图就应运而生了。

清宫后妃满族发式"三部曲"

清入关后,随龙伴驾的宫廷后妃、王公福晋、格格们及命妇等人带着浓郁的满族生活传统习俗来到北京,住进紫禁城,开始过上历代封建皇宫的享受生活,经济富足、生活安定,一洗关外常年马背生活的奔波之劳。然而清统治者在逐渐接受了汉族传统文化之后,对中国封建女子的道德规范十分重视,无时无刻不向清宫后妃灌输历代贤妻良母孝女节妇的教育,使她们渐渐地接受"三从四德"的修养,加深了"三纲五常"观念。"夫为妻纲"的天定伦理在后妃心目中逐渐形成定格,女子的一言一行、一举一动都要顺乎"夫"的意志。一位皇帝有8个等级的后、妃、嫔等,简直如众星拱月一般。清宫女子仰视着皇帝,企盼着皇帝的青睐。历代皇帝立后

雪青色八团云龙妆花缎皇后棉龙袍

选妃都以性情温顺、相貌端庄为标准。

清入关之初，曾发布过剃发令。这一剃发令只限男，不限女。因而许多民间传统的女子发式得以保留。在满汉文化逐渐融合的基础上，满族女子发式被汉族女子所模仿；汉族女子发式也在不同程度上被满族女子所接受。由此而形成满汉女子发式"你中有我，我中有你"的多变风格，对清代宫廷后妃的梳妆打扮无疑是个强大的推动力。

清初，后妃发式仍依满族传统的"辫发盘髻"，即将头发集于头顶，编一长辫，盘旋而上为盘髻。当时无论身份高低、贫富贵贱，发式都是统一的。满族贵族进宫，满族女子将传统的质朴装束也带进清宫，在当时被传为佳话。康熙年间，清宫颁定了第一部《大清会典》，明确规定了帝、后、妃、嫔不同身份的不同衣冠制度，在宫中举行大典礼时，帝、后、妃、嫔根据不同的季节穿不同的衣服，戴不同的冠饰。不言而喻，宫中后妃平时衣着要各守本分、梳妆整齐、端庄严肃。发式也是其中之一。

提起后妃发式，不免要提及一下乾隆帝因后妃发式不整而休妻的一段轶事。乾隆帝一生封过3位皇后。第一位孝贤纯皇后，是他当皇子时成婚的福晋。乾隆二年晋封皇后，乾隆十三年病故。第二位皇后乌喇纳喇氏是他当皇子时的侧福晋。乾隆帝即位的第二年，乌喇纳喇氏便册封为娴妃。乾隆十年晋封为娴贵妃。十三年三月十一日，乾隆帝的第一位孝贤纯皇后富察氏崩于德州舟次之后，十五年八月便晋封娴贵妃为皇后。据于善浦先生撰《东陵大观》介绍，乌喇纳喇氏在宫中很得宠，经常随乾隆帝巡视各地。最后一次是乾隆三十年第四次南巡，正是这次江南之游使她的命运发生了根本的变化。

乾隆三十年正月十六刚过完上元节，乾隆帝携妻侍母，带着儿辈及文武大臣王公贵族一行人马，从紫禁城出发巡视江南。闰二月十八日来到"人间天堂"杭州。十八日当天，乾隆帝用完膳，依例赏赐皇后饭食菜肴。当日晚上，就派人将皇后护送回京了。乾隆帝南巡回程后，立即收回乌喇纳喇氏所有的册封宝册，虽未明言废后，实际上皇后的名号已名存实亡了。第二年七月，乌喇纳喇氏病逝于宫中。当年册封皇后时，曾颁诏天下，收回册宝时，乾隆帝又作何解释呢？《东华续录》乾隆朝卷二十二："谕旨：皇后自册立以来尚无失德，去年春，朕恭奉皇太后巡幸江浙，正欢洽庆之时，皇后性忽改常，于皇太后前不能恪守孝道。比至杭州，则举动尤乖正理，迹类疯迷。因令先期回京，在宫调摄。经今一载有余，病势日剧，遂尔奄逝。此实皇后福分浅薄，不能仰承圣母慈眷，长受朕恩礼所致。若论其行事乖违，即予以废黜，亦理所当然。朕仍存其位号，已为格外优容。但饰终典礼不便复循孝贤皇后大事办理。所有丧仪可照皇贵妃例行。"乌喇纳喇氏遭如此之羞辱仅仅是为了剪发一事吗？据《清鉴辑览》《清鉴纲目》等史书记载："乾隆三十年闰二月，帝在杭州，尝深夜微服登岸游。后为谏止，至于泣下。帝谓其疯病，令先程回京。"

历史上，曾有过皇后散发、脱簪等规劝皇帝勤政理朝的事例。乌喇纳喇氏剪发是否与乾隆"深夜微服登岸游"有关，目前还没有足够的证据解开这个谜。但乾隆帝死死抓住乌喇纳喇氏"剪发"一事大做文章，不仅强调"剪发"犯了大忌，"为国俗所不容"。还将她置于死地，身份、地位一落千丈。不仅乌喇纳喇氏的葬礼降为皇贵妃的等级办理，而且还没有墓穴，更没有置放棺椁的地方。因为一句话，乌喇纳喇氏生前被乾隆帝羞辱，死后也不能进皇家陵寝。当然逢年过节和生辰忌日均无享祭了。位尊至皇后，竟然因为一把头发而身遭不幸。

清宫后妃发式的种种不同及美容、美发的历史也是从这里开始的。清宫后妃的满族发式在不同时期不断美化、更新，大致有三种形式。

小两把头

早在后金时便开始戴朝冠，后妃、命妇为了在大典时戴朝冠的需要，都将头顶盘髻松开下垂梳一大辫于脑后。清初，再次定制吉庆日子，后妃要戴钿子，脑后垂辫的发式就不适应了。钿子是一种形似簸箕形的软帽，以铁丝或藤条做骨架，外边缠上青绸、缎绒。于是后妃们便梳两个横长髻，即将整个头发平分为左、右各一把，形似小姑娘梳的两个抓髻。将钿子戴在头上用两条黑缎带系于颔下，十分稳固。就是摘下钿子，这种左右两把的发式也可作平时的家常打扮。据传，清初的几位皇太后、皇后，生活非常节俭。如顺治帝的母亲孝庄皇太后，乾隆帝的母亲孝圣皇太后，乾隆帝的孝贤纯皇后等，身居要位，但带

孝贤纯皇后朝服像

头不穿绸缎而穿布衣。发式虽有变化，可是从不戴奢侈首饰。随便在头上戴几朵鲜花，既不会使左右两个发髻有重量负担，又耐人寻味。尤其孝贤纯皇后，曾在宫中主"六宫粉黛"之事，可她只戴通草，不戴金银首饰，用以敦促皇帝及宫中妃嫔节俭为本。加之她待人谦恭，对皇帝温顺，孝敬皇太后，六宫妃嫔莫不赞誉。孝贤纯皇后病逝后，乾隆帝十分悲痛，将她住过的长春宫作为长久灵堂，将其穿戴过的衣冠贮于宫内，并挂孝贤纯皇后画像，逢年过节亲往祭奠。

从以上后妃不戴分量重的首饰这一特点来看，当时后妃戴钿子梳的抓髻式发髻，不可能有固定的架子，不过是用本人的头发梳理而成。十分明显，用自己的头发盘发髻分量重的首饰根本戴不上去。为了区别以后出现的架子两把头，我们姑且将这一时期清宫后妃发髻称作"小两把头"。小两把头的出现，是由实用开始的，随着清朝统治的巩固、经济的繁荣，后妃发式也出现了由小到大的变化，由实用型向着美容、美饰的审美型发展。

两把头（又称叉子头）

清中叶，是史称"乾隆盛世"的黄金时代。在此期间，各个领域都有很大的发展。首饰制作工艺亦不例外。清宫处于特殊的地位，全国各地选用名贵材料制成的簪、钗、流苏、头花等首饰源源不断地贡进宫内。首饰制作工艺精湛，样式新奇，大大刺激了宫廷女子们追求美饰的心理。但是要将这些金、银、珠、翠、宝石等珍贵材料制成的首饰戴在头上，分量相当可观。原有的小两把头和汉族女子流行的高蓬发髻就显出了许多不足之处，小两把头低垂，几乎与耳根齐，高发髻空虚，稍碰即散，如何将这些美丽的首饰戴上去呢？于是一种新的梳头工具——发架，便应运而生。发架有木制的，有铁丝拧成的，样子形如眼镜架（∞），梳头时，把头座固定后，再把发架横放在头顶，用左右两把头发交叉与发架绾紧，中间用一横型长簪——扁方固定，然后用簪、钗、疙瘩针等长挺首饰把发梢与碎发固定牢，这样戴什么样的首饰都"挺得住"了。

故宫博物院现存道光朝《旻宁行乐图》中的妃、嫔、贵人们的发式即

旻宁行乐图

是这种，从图上看，陪同旻宁行乐于花园中的三位女子，每人头上都插戴许多首饰和应时鲜花，两把头依然结实、稳固，高低适中。发架起到了不小的平衡作用。两把头后面及耳后垂发，梳成扁平的燕尾。末端用发带束起，微微上翘。整个头型看去，像个待飞的燕子。年轻人梳两把头，要多戴艳丽的首饰，显出年轻活泼的朝气。老年人梳两把头，首饰要选质地高贵的，从而更体现出端庄、富贵。头上梳两把头，又插戴上首饰，走起路来似有节奏，不但保持上身直立收腹挺胸，还不容头部、脖梗东摇西晃，为封建社会淑女形象的最佳典范。

梳头的样式，还是区别女子婚否的重要标志。已婚妇女梳头时，把两鬓头发尽量往后梳，露出绞过的方鬓角（旧时女子出嫁时都要把额头的毛发绞掉，形成方鬓角，俗称"开脸"），未婚女子梳两把头时要留出一排齐眉穗，盖住前额。以后两把头广泛被清代满族女子所接受。遇有喜丧诸事，发式也有明显的变化。如同治帝大婚时，皇后阿鲁特氏的发式就是最明显的一例。同治十一年九月二十五日子时，迎娶阿鲁特氏的喜轿由大清门、午门、太和门至坤宁宫洞房。皇帝、皇后要在这里举行坐帐、合卺礼等婚姻程序。按满洲习俗，新娘一下轿即被四位"全福人"拥进洞房，换衣、上头、开脸。这时"上头"就是梳成两把头，同时戴上双喜扁方和红绒头花。阿鲁特氏与所有的满族姑娘一样，上头之后，明确地表示，从即时起告别闺房，开始了为人妻的生活。然而，帝王家的婚姻远非民间幸福。阿鲁特氏只做了三年的皇后，同治帝因出天花而丧命。阿鲁特受不了婆婆——慈禧太后的羞辱便吞金而亡。

清宫遇有丧事，两把头也有明显地变化。咸丰十一年，咸丰帝逝于承德的避暑山庄烟波致爽寝宫。慈安和慈禧两太后带着6岁的新帝载淳急奔病榻前，痛哭流涕，悲痛欲绝。当即摘下两把头和燕尾，用青布条把头发在头顶草草地扎了一束，一分两绺，松散散地盘在正中，任其散落下垂。外用包头白布宽带缠头一周，结于脑后，两端下垂。让人一看，就知道重孝在身，死去的是其最亲近的人。这种发式在满洲风俗里叫做"折头撬双辫"，是丧失丈夫的发式。要是儿媳为公婆戴孝，则分男左、女右折头撬单发辫，以示区别。

慈禧太后像

清宫后妃梳两把头时，要放发架，分扎两把，左右互缠，插簪戴首饰等，虽然复杂，且都有伺候梳头的"妈妈哩",可是后妃们都自己动手梳妆,都以自己会梳两把头为荣。如果谁梳的不好,主管六宫之事的皇后要责令专人教会她。至于侍候梳头的"妈妈哩",不过只管拿拿镜子、递梳篦、收拾梳头用具等。据清晚期在慈禧太后身边充当翻译的女官德龄回忆,她初入宫廷时,不会梳两把头。慈禧太后就告诉过她:"皇后(指光绪帝的皇后隆裕)两把头梳得好,你可以请教她。"果然,经隆裕的耐心指导,聪明的德龄很快学会了梳头,还学会了处理清宫的各种关系。入宫两年,记录了许多所见所闻,《御香缥缈录》《清宫二年记》为我们今天研究慈禧太后及清晚期清宫后妃美容提供了详实的依据。

慈禧太后一生争强好胜,为什么她用太监为她梳头呢?难道她不想在众人面前显示一下女性特有的技能吗?我们认为,她绝不是不会梳头,她用太监梳头则是与她特殊的身份、地位有关。

慈禧太后由秀女入宫,初入宫时,和许多秀女一样的打扮。"脑后拖着条乌油油的大辫子。辫根扎着二寸长的红绒绳,辫梢用桃红色的绦子系起来,留下一寸长的辫梢,蓬松着垂在背后。右鬓角戴一朵红色的剪绒花,额前整齐的齐眉穗盖住宽宽的额头,白嫩细腻的脸颊像一块纯净的玉。"宫中未婚女子的这种打扮,是孝庄皇太后定下的规矩。两百多年来,没有变过。这种打扮,从里往外透着润泽,使人看上去利落、爽眼。

随着身份、地位的变化,慈禧太后的发式也由一般变为特殊。自其一入宫,即受到咸丰帝的偏爱,一跃成为兰贵人、懿嫔、懿妃。在众多的妃嫔面前,又以打扮出色被皇帝"宠幸莫比"。咸丰六年三月,她生下咸丰帝唯一的皇子——载淳,即后来的同治帝。母以子贵,懿妃也晋升为懿皇贵妃。咸丰帝病逝后,同治帝即位,尊为圣母皇太后。按照中国传统,慈禧太后失去丈夫成为寡妇,在衣着装束方面要有所收敛;但她一反中国传统习俗,与美、与权结下姻缘。不仅对修饰没有掉以轻心,反而刻意追求美容美饰美发。曾在慈禧太后身边作过侍寝的老宫女最了解慈禧的爱美心理,她说:"老太后每日梳头都要求人监变换花样,一连十几天不许重样。"因此,慈禧太后梳头要找一心灵手巧、能独出心裁的人,才能满足她的梳头要求。据老宫女在《宫女谈往录》中介绍,清晚期,是由一位名叫刘德盛的老太

慈禧对镜插花照

监给慈禧梳头。这位老太监性格温和，能说会道，很会揣摸老太后的心理。常常是一边梳头一边讲自己编出的故事。什么龙凤呈祥啦，什么风调雨顺啦，一个接一个说得老太后眉开眼笑，就连掉几根头发她都不知道。头发是人体健康与否的晴雨表，它伴随着人度过整个一生。人到老年，身体各机能衰退，掉发、脱发是正常现象，但慈禧太后非常忌讳掉头发。

德龄《清宫二年记》中记载："有一次替老太后梳头的那个太监病倒了，叫另一个太监代替。太后脾气很怪，梳头的时候不准有一根头发落下，叫我们严密地监视着。这个太监是个老实人，不像原来那个太监，有头发落下的时候会巧妙地藏起来。梳头时果然有头发脱下了，那可怜的人慌得手足无措。太后在镜子里看到他慌张的神色，就问道：'有头发掉下了吗？''有。'太监恐惧地回答。太后一听大怒叫道：'替我把它放回头上，生牢它！'我（德龄）听了几乎要笑出来了，可是那太监却吓得哭了。太后叫他立刻出去，等一会责罚他。"慈禧太后除了严厉的斥骂外，最终还是重重地打了他四十大板。可怜的老太监，为了给慈禧太后梳头，差点丧了性命。

慈禧太后用太监梳头还有另一层意思。她身为皇太后，却愿意让人称她"老佛爷"，让光绪帝叫她"阿玛"——即父亲。变态的心理，必然有反常的举动。所以在众人面前不显露她女性的天分，而将权力和地位看得至关重要。

慈禧太后一生爱美，讲究服饰、发式。但也有"将就"的时候。光绪二十六年夏天，八国联军进京，慈禧太后、光绪帝急着外出逃亡。临行前，李莲英亲自动手为慈禧太后化妆。先把老太后的头发散开，用热手巾在发上熨一熨后拢在一起向后梳通。用左手把头发握住，用牙把发绳咬紧，一头用右手缠在发根扎紧辫绳。黑色的绳缠到约一寸长，以辫根为中心，把发分两股拧成麻花形，长辫子由左往右转，盘在辫根上。但辫绳必须露在外边。用一根横簪子顺辫根底插进，压住盘好的发辫，辫根绳就起到梁的作用。这方法又简单又便当，不到片刻工夫，一个汉民老婆婆式的头就梳成了。最后在辫根黑头绳上插上老瓜瓢，让所有盘在辫根上的发不致松散下来。再用网子一兜，系紧，就完全成功了。李莲英说，不要用蚂蚁蛋纂，不方便，不如这种盘羊式的发舒服。老太后这时只有听摆布的份了。

在这次"西狩"路上，没吃没喝，更谈不上洗漱装束了。慈禧太后一连几天不照镜子，不梳头。头发实在乱时，在她身边的宫女就用手给她往后拢一拢。怀来县令吴永见慈禧太后一行人马狼狈不堪的样子，立即接济食品和衣物，还把他母亲和夫人的梳妆盒子送给慈禧使用。宫女们见梳妆盒内梳篦脂粉一应俱全，赶紧给慈禧打水洗头、洗脸、擦身。李莲英又开始给慈禧太后梳头。可想而知，再巧的李莲英，也难为无米之炊。慈禧太后呢，更不顾上那么多讲究，草草地洗漱、梳头，已觉得很满意了。

大拉翅

"大拉翅"的发式是由慈禧太后独创。慈禧太后老年，曾一度患脂溢性脱发，不仅梳头时掉头发，就连平时也不断掉发。她一方面请御医开方医治，一方面大吃补品营养头发，并且在发式上打主意。最终由她发明了一种牌楼式的大拉翅，即大两把头，从而取代了用发架梳的两把头。《清宫词》曰："凤髻盘云两道齐，珠光钗影护蜻蜓。城中何止高于尺，叉子平分燕尾低。"寥寥数语，道出了大拉翅的基本形式。

大拉翅，是形似一个扇面的硬壳，约尺把高。里面是用铁丝按照头围大小做一圆箍，再用布袼褙做胎，外边包上青缎子或青绒布，做成一个固定的装饰性的大两把头。需用时，戴在头上，不用取下搁置一边。既能美饰头发，又摘戴方便自如，可谓两全其美。起初慈禧太后让宫女试着做，她亲自指导修改，最后确定为大如意头式的形式，做成大拉翅。勾在颈后的燕尾，也比原来的大，几乎挨到衣领上。因大拉翅以粗铁丝作架，设有插簪、钗、

戴大拉翅的慈禧太后

流苏、疙瘩针、耳控勺、头花等固定位置，大拉翅制好后。慈禧太后让宫内妃嫔们试戴，自己品评。为了普及这种新形发式，慈禧太后亲自试戴，叫宫内的老少妃嫔都来观看。

当时，慈禧太后住在紫禁城东部的宁寿宫乐寿堂西暖阁。宁寿宫这组建筑，原是乾隆帝当年为自己退位后当太上皇时建造的颐养宫殿，建筑豪华，自成一区。慈禧太后归政后，也搬到这里，并把两面特大的穿衣镜搬到乐寿堂正间宽阔的地方。在她的寝室内摆了两座西洋式的梳妆台，上面各镶13面镜子，可以从不同角度照出她的容貌和身影。这天，慈禧太后穿上酱色绸绣兰草氅衣，脚踏杏黄色穿珠花盆底鞋，头戴大拉翅，凤簪、流苏、金钗随着走动不停地摆动，身材显得格外修长。70多岁的人了，看上去比三四十岁的人都精神挺拔。慈禧太后在大穿衣镜前走来走去，尽情地欣赏着自己的装束。前来观看的太妃及嫔妃们无不咋舌羡慕。慈禧太后让她们每人做一个大拉翅，并约定腊月二十八这天一展风姿。

本来每年腊月二十八日这天，是慈禧太后定的“聚亲”的日子。每年一进腊月，慈禧太后钦点皇族福晋、格格进宫过年。正月初一才能散去回家。因而，皇亲国戚家中的福晋、格格们都把“聚亲”看作最大的荣幸。她们穿起最漂亮的衣服、戴上最美的首饰，齐集慈禧住的乐寿堂，除夕夜晚包饺子时，慈禧对每个人的穿戴与包的饺子都要褒贬一番。凡是被她夸奖的，慈禧要赏赐首饰和衣料。她认为不得体的衣饰，当然也毫不客气地指出关键的所在，令当场的人哄堂大笑。受到赏赐的妃嫔、福晋、格格们受宠若惊地跪地磕头谢恩；遭到取笑的也要强装笑脸，谢老佛爷高见指点。

自慈禧太后发明大拉翅后，每年的聚亲又增加了一项新内容，不仅赛衣服，更要比发式。这样一来，大拉翅上行下效，广泛流传。

慈禧太后喜欢大拉翅，与她自己的身体有关系。慈禧年轻时原本脾胃不和消化不好。经御医调治，大见成效。咸丰病逝，内忧外患权利变迁，慈禧争强好胜，无疑对她的身体是极大的损伤，头发脂溢性脱发。慈禧爱美之心与权势互涨，创大拉翅戴在头上，固定发式是完全可以理解的。

清宫后妃梳什么发式，可以说是一件神秘莫测的事情。自从慈禧太后垂帘听政，以"母仪"昭著天下，才揭开了这一秘密。大拉翅流行一时，固定式发壳，被世人认定是清宫后妃的正式发式，官宦命妇、民间女子纷纷效法，至今流传在戏剧舞台上。

首　饰

我国古代帝王冠服有规定的样式、纹饰。从汉代制定了舆服制度开始，以后历代王朝都制定了舆服制度，规定了皇帝、后妃、皇子、文武大臣等的冠服。舆服制度随着改朝换代而更改。制度一旦确定，奉为典章，帝、后等皆遵守，不得稍有疏忽。清代入关以后，随着政权的巩固，制度逐步完善，自顺、康至乾隆确定了服饰制度，凡遇大典礼时，定按制度穿戴冠服。而日常生活中在服饰方面有随意性，因此与服饰相关的首饰也有礼仪制度的和日常生活两个方面。

清代后妃礼仪制度中的饰物

冠饰

清代冠服制度中，确定冠的形式，不同于历朝的冠，明显地保留了满族的旧制，冠为缀有红缨的覆钵式夏冠和覆钵式卷檐的冬冠，均以顶子作为标志。

后妃的冠，没有夏冠，一律是缀有红缨的覆钵式带卷檐的朝冠。有薰貂朝冠，青绒朝冠。从冠顶上所缀的顶子和凤翟的多少以区别后、妃、嫔的冠。

皇太后、皇后、皇贵妃、

皇后冬朝冠

金镶青金石金约

贵妃冠顶为"正中顶一座，三层，贯三等东珠各一，皆承以金凤""红缨上周缀金凤七""后金翟（注：即长尾雉）一""翟尾垂珠""冠后护领""青缎为带"。形制相同，只是凤身上缀珠及翟尾垂珠的珠子等级和数量多少不同。妃冠顶"正中顶一座、二层，贯五等东珠各一，皆承以金凤""红缨周缀金凤五""后金翟一，翟尾垂珠三行"。所缀珠、垂珠等级均次于皇后，数量亦少于后冠。嫔冠顶"正中顶一座，二层，贯无光东珠各一，皆承以金翟""后金翟一""翟尾垂珠三行"，冠已无凤之踪迹，所缀珠、垂珠的等级及数量均不及妃冠。嫔以下贵人等无冠。

金约

额上狭窄的一带发箍，类似遮眉勒子，戴上金约并不妨碍戴冠，反而成为冠沿的装饰。

皇太后、皇后、皇贵妃、贵妃的金约形制基本相同，在狭窄的一条金约上，周围缀金云十二，云上各有东珠，还有青金石或珊瑚，金约后边还垂有珠串。但是所缀、所垂东珠的等级和数量多寡有区别。

珥

珥，古时称作瑱、珰，是戴在耳垂的装饰，有的呈环形，戴时穿过耳洞。有的为坠形，上部制成一弯钩，下坠以各种形状的饰件，将弯钩勾在

金镶东珠耳环

耳洞中。汉代后妃已有戴耳环的记载，随着妇女妆饰的发展，耳环由大变小，又由小变大，由简单到复杂，经历了许多创新、改造的过程。到清代，耳环、耳坠、耳钳等名称都是珥的同名。

清入关前或后金时期，满洲贵族男女都有扎耳洞戴环的习俗。而宫廷女眷，耳饰时兴戴多环，五、六或八、九环不等。后来戴珠串耳钳，一耳四钳，也是正常现象。清入关后，男子"耳垂金环"被废止，女子戴耳钳的习俗仍沿袭旧俗。

清后期，满汉融合，风俗习惯逐渐统一，满族妇女耳饰也由多环变为一付。慈禧太后的一份首饰账中，记载"耳钳"一项就有"白玉梅蝶钳子、翡翠福在眼前钳子、金点翠穿红白米珠万寿如意钳子、金累丝花篮钳子、金累丝二龙戏珠耳钳"等。这些耳钳都以选材精良、花形多样、取意吉利而著称。这与慈禧太后喜爱美饰、追求艳妆的心理是一致的。

金嵌珠翠耳坠

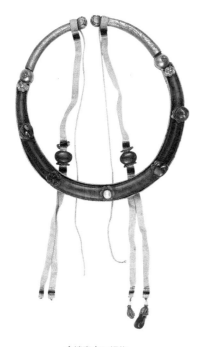

金镶青金石领约

清代服饰制度规定，皇后、妃、嫔、公主、福晋戴耳环，多至三对。皇太后至嫔形制相同，"左右各三，以金为龙形，末锐下曲，各衔二颗东珠"。区别在于各衔东珠等级不同：皇太后、皇后为头等东珠，皇贵妃、贵妃为二等东珠，妃为三等东珠，嫔为四等东珠。这三对耳环每串两颗，用金片间隔，上端饰金钩。

在制度规定以外，后妃平日戴耳环、耳坠多种多样，有赤金嵌珠宝钳，有金累丝双龙耳环、金点翠珠福在眼前耳环，还有镀金点翠竹叶耳环。

在台北故宫博物院编辑的《清代头饰展图录》中，有一对"银镀金点翠嵌黄米珠平安如意耳环"，造型别致、新颖。耳环长 3.7 厘米，环面作一花瓶状，瓶内插缉黄米珠禾穗，点翠萱草与如意，瓶身缉红米珠"安"字。取"平安如意"之意。由于面积较小和廊轮的限制，图案随意变化，寓意谐音求其吉利，而且装饰性很强。

领约

领约，顾名思义是约束领子的饰品，也就是项圈。

清入关前，宫廷男女衣冠之别明确规定颈戴项圈。崇德元年，皇太极改革衣冠制度，将项圈改为领约。其形制为镂金颈圈，垂于胸前，前部略宽，两端渐窄作龙首形。上按品秩嵌不等数目的东珠、宝石，以其上东珠数目多寡优劣辨别身份。清入关后，项圈为妃嫔以上后妃制服饰之一。其形制，较之入关前的式样也有很人的变化。皇太后、皇后项圈以金为托，镂雕龙纹，其中间有八块红珊瑚，每块红珊瑚上嵌一颗大东珠。项圈两端合并处垂两条约一尺余长明黄丝绦，并饰以珍珠及红宝石坠角。皇贵妃项圈银镀金，红珊瑚七块，每块嵌一颗大东珠，在项圈两端合并处垂杏黄色丝绦两条。贵妃、妃项圈银镀金，间七块红珊瑚、七颗珍珠，垂杏黄色丝绦。嫔形制同妃，但用无光珠。

东珠朝珠

朝珠

　　清代帝后和王公贵族、文武官员穿礼服时要在颈上挂朝珠，垂在胸前。每串朝珠108颗，分作4份，每27颗珠子之间加不同质地的大圆珠名结珠，其中挂在颈后的佛头，缀上葫芦形的名叫"佛塔"，佛塔下垂的绦带再贯以一串背云，即是用黄丝绦垂下，中间系一块宝石，末端有坠角，垂于后背。在朝珠两肩左边系两串，右边系一串小珠，每串10颗珠，末端有坠角，称为纪念。

　　朝珠的质地，有东珠、珊瑚、青金石、绿松石、蜜蜡、琥珀、翡翠、玛瑙、水晶、红宝石、蓝宝石、碧玺、玉、菩提子等，朝珠的用法有严格的规定。

　　东珠产于松花江，每年采集之后。全部贡入宫廷使用，为皇帝、皇后专用。皇帝在大典时穿朝服戴东珠朝珠，祭天典礼时戴青金石朝珠，祭日典礼挂珊瑚朝珠，祭月典礼时挂绿松石朝珠，祭地典礼戴蜜蜡或琥珀朝珠。在穿吉服（即龙袍）时，随意挂各种质地朝珠。皇太后、皇后、皇贵妃在大典时穿朝服戴3串朝珠，中间戴东珠朝珠，左右戴珊瑚朝珠。贵妃也戴3串朝珠，中间戴东珠朝珠，左右戴青金石朝珠。妃嫔的3串朝珠，是中间戴珊瑚朝珠，左右戴琥珀朝珠。

大红色缎镶宝石绣花彩帨

彩帨

是后妃穿朝服，戴在朝褂前的装饰。一条彩色的长帕，上边绣着五谷丰登纹饰，同时挂着针、管、鞶。《礼记·内则》："妇事舅姑……左佩纷帨、刀、砺、小觿、金燧，右佩针、管、线、纩，施縏帙。"缝纫等活计是妇女在家务中应尽的责任。

皇太后、皇后、皇贵妃的绿色帨上绣"五谷丰登"。妃也是绿帨，绣"云芝瑞草"纹，嫔无彩帨。

钿子

清代后妃穿吉服要戴钿子。钿子虽未列入典制服饰制度中，但钿子与制度密切相关且颇具满族特色。

金钿是古代 8 种首饰之一。据载，汉以前，没有这种名称，唐代贵族妇女追求美饰豪华，用珍珠、宝石、金、玉制成各种花朵形首饰戴在头上，始称为花钿。唐代花钿是宫廷后妃等级的重要标志。皇后饰十二株花钿，

铁丝编嵌珠翠青钿子

一品内外命妇饰九株花钿，二品内外命妇饰八株花钿，以下依品秩类推，至六品以下无花钿。到宋代，沿袭前朝花钿之制，"一品命妇花钗九宝钿"。但宋代妇女花钿形制较之前朝有很大的变化，即将各种花形首饰制成花冠，戴在头上。

清代的钿子与宋代花冠有相同地方和不同的地方。如以铁丝作胎骨，缠以黑丝线等相同，但形状却不同。宋代花冠呈圆形，清代钿子似簸箕形。这可能是不同时代构成了各自不同的审美倾向，并依其民族传统与时代特征为前提产生了不同的式样和丰富多彩的名称，究其用途都是用来装扮妇女头发的美饰。当然，从金钿花冠再到钿子，其中不间断的连续性和相互沿袭的历史是不容忽视的。

钿子是清代后妃在诞辰、册封等喜庆日子里戴的。钿子以铁丝做胎骨，外用黑丝线缠上花形和字形的纹饰。再缀上羽毛点翠或珠宝嵌件，戴在头上颇似簸箕，前长后短，顶部往后斜下。清代贵族妇女，极重视钿子的装饰，并将其视为身份的标志。一般妇女戴满钿，即钿子的前后两个斜面都有嵌件。1972 年，故宫博物院在日本举办"清代帝后生活展"，其中一件满钿，十分华丽，钿子底部是黑丝绒缠绕的万寿字花纹，整个钿子嵌了 10 个不同形状的翡翠花托，每个花托上各镶一个宝石堆成的牡丹花，还有宝石双喜字牡丹花和双喜字中心嵌一粒大东珠。钿子制作精细，配色协调，是少妇穿吉服时戴的。《道咸以来朝野杂记》中说："钿子分凤钿、满钿、半钿三种。""凤钿之饰九块，满钿七块，半钿五块，皆用正面一块，钿尾一大块，此所同者。所分者，则正面之上，长圆饰或三或五或七也。"寡妇和年纪较大的妇女戴半钿。所谓半钿，并非嵌件仅一面，而是铁丝骨胎上嵌件数量少于满钿。多为单一颜色，如白玉、碧玉、蓝宝石，款式花样也变化不多。凤钿是钿子类中装饰最漂亮的一种。因它是新婚妇女戴的。故凤钿以红双喜字和金凤为主，其面饰以流云、万字、福寿字等组成。《听雨丛谈》一书中，对凤钿的形制介绍最为详细："前如凤冠，施七翟，周以珠旒，长及于眉。后如簸箕，上穹下广，垂及于肩，施五翟，各衔垂珠一排，每排三衡，每衡贯珠三串，杂以璜填之属，负垂于背，长尺有寸。左右博鬓，间以珠翠花叶，周以穿珠璎珞，自额而后，迤逦联于后旒，补空处相度稀稠，以珠翠云朵杂花饰之，谓之凤钿。"清宫皇帝大婚，更视戴凤钿为重要礼仪装饰。

有清一代 12 位皇帝，只有顺治、康熙、同治、光绪四帝幼年继位，在清宫举行大婚典礼的。但顺治、康熙大婚礼仪不如同治、光绪完备。仅皇后戴凤钿一例，"同治帝大婚档案"记载得最详细，皇帝大婚要经过纳采、大征、册立、奉迎、合卺、朝见、庆贺、筵宴等程序。同治皇帝是入关后的第八位皇帝，是慈禧太后唯一的儿子，同治十一年九月二十五日吉时举行大婚典礼，按照清代旧俗，新娘（皇后）在娘家时头梳双凤髻、戴双喜如意，身上穿龙凤同和袍。到上轿时，仍此穿戴。喜轿进大清门、乾清门至乾清宫内吉方降轿，四位福晋上前搀扶皇后下轿，经交泰殿，步行至坤宁宫东暖阁洞房，皇帝亲手为皇后揭下盖头，按男左女右习俗，请皇帝、

铜镀金点翠镶珠石凤钿子

皇后双双坐在喜床上吃子孙饽饽——即饺子。吃子孙饽饽之后，由福晋四人内务府女官请皇后梳妆上头，上头就是绾髻加添扁簪、戴凤钿，同时戴双喜如意和富贵绒花、朝珠、项圈，并换上明黄色的龙凤八团袍褂。之后，四福晋搀扶皇后至皇帝前，举行合卺仪式，饮交杯酒，再行合卺。宴毕，女官搀扶皇后坐到龙凤喜床上，再次梳头换衣，摘下凤钿、龙凤同合袍，梳双髻戴绒花和双喜如意，再次穿上龙凤同合袍，按男左女右坐好，放下幔帐坐帐。坐帐后，皇帝、皇后双双用长寿面，预示夫妻和谐、天长地久、白头到老。

为筹办同治大婚，清宫曾经传办皇后双喜钿子，有：凤钿两份、万寿钿十份、万字钿十份、长寿字钿十份、双喜字钿十份、毂辘钱钿十份，上附珠穗若干，红宝石、蓝宝石、红碧玺、蓝碧玺、绿玉坠角等等配饰若干。如此之多的钿子，大婚礼中皇后只戴凤钿，其余分别在日后使用。

同治皇后戴的凤钿与满钿、半钿形式相同，只是花色点缀、用的材料不同。凤钿用铁丝做胎骨，骨外用 1 厘米宽的黑缎条缠绕，编成金钱纹的底，上面密集地并列着一排排双喜字。靠近口沿边，是一圈一寸（3 厘米左右）宽的黑色丝绒，浮钉着一圈珍珠与红珊瑚编排的蝙蝠。凤钿正面，嵌着十朵羽毛点翠镶珍珠的牡丹花托，每个花托上各有一只金凤，金凤口衔珠滴，红、蓝宝石作坠角。凤钿背面，是一朵特大的翠钿饰，图形为凤穿牡丹。凤嘴同样衔着珍珠饰件。整个凤钿用大珍珠 300 多颗、米珠 100 多粒、红珊瑚珠 2000 多粒、红宝石、翡翠、蓝宝石等 100 多颗。每个凤头上嵌有名贵东珠一颗。凤钿颜色协调，用料珍贵，是非常难得的一个完美头饰。1986 年台北故宫博物院出版的《清代帝后服饰》，选登了一件凤钿，形制与上述凤钿相同，但其嵌钿花却不多见。此凤钿正面前沿并排 26 只金凤，口衔珍珠流苏，每个金凤均有穿红珊瑚、米珠的喜字作底托。背面 28 只金凤珠流苏，凤钿顶部两个斜面均有 5 个珊瑚穿珠双喜字，整个凤钿 98 个双喜字，44 只凤。

清代后妃日常生活中的首饰（一）

首饰，原本指男女头上的饰物。《后汉书·舆服志》载："后世圣人，一见鸟兽冠角颓胡之制，遂作冠冕缨蕤，以为饰件。""秦雄诸侯，乃加其武将首饰为绛袙，以表贵贱。"这些记载，使我们了解到古人模仿鸟兽有"冠角颓胡"，从秦时人们戴首饰就有了贵贱之分。曹植在《洛神赋》中曾讲女子"戴金翠之首饰"，不过是指簪、钗、胜、步摇、金钿、珠花、栉、勒子八种古代首饰。后来，人们把女子使用的装饰品都统称为首饰。如头上戴的簪、钗、流苏、凤冠、头花以及耳环、手镯、戒指、脚镯、项圈、项链、胸花、别针等等。

头饰，即头上戴的首饰，其作用非常简单，就是美化发式的工具。自从人类束发为髻以来，用以固定发髻的首饰也就相应地产生了。原始首饰不加修饰，竹枝、藤条、鱼骨、兽骨都可以随便插在头上，只要约束发髻不散不乱就达到了目的。随着社会的发展，人们对美饰产生了浓厚的兴趣。随手拣来的束发工具已不能满足其对"美"的欲望，于是相继产生了雕刻、嵌镶、点翠、穿珠等经过美化与加工的首饰，并与人类的物质文明美化生活密切相关。同时，首饰又成为奴隶社会和封建社会争奇夸富、等级身份、荣辱尊卑的标志。

清代是我国封建社会最后一个朝代，在妇女头饰方面集历代之大成。清代宫廷后妃的首饰丰富多彩，精美绝伦。有清一代后妃梳理两把头发式较久，为点缀、美饰两把头，创制出与之相应的——扁方、簪、头花、钗、流苏、勒子等独具特色的首饰。

金嵌玉石扁方

扁方

扁方是满族妇女梳两把头时的主要首饰。在载涛、郓宝惠合著的《清末贵族之生活》一文中，曾提到"满族女子平时梳两把头，式样简朴。皆以真发挽玉或翠之横'扁方'之上"。"扁方长 32–33.5 厘米，宽 4 厘米左右，厚 0.2–0.3 厘米。呈尺形，一端半圆，另一端似卷轴。如一变相横簪，无论是梳两把头或是大拉翅，它都是起到连接真、假发髻之中'梁'的作用。"谈到扁方的作用，不禁联想起汉代男子头上戴的冠簪。汉代男子盛行戴冠、弁、冕作装饰。冠、弁、冕都是左右设孔，戴在头上时，用一支长 40 公分的大簪从左孔插入，中经发髻再从右孔穿出，将冠、弁、冕与发髻牢固相连在一起。清代满族头饰中的扁方与历史上的长簪有类似的作用，尺寸亦相同。只是使用对象不同罢了。据此可以推断，扁方与长簪有渊源的联系，扁方很可能就是由长簪演变而来。

在清代民间，扁方也有很小的。如遇丧事，妻子为丈夫戴孝，放下两把头，将头发集拢头顶束起，分两把，编两条辫子，辫梢不系头绳，任头发松乱。头顶上插一个三寸或四寸长的白骨小扁方。如果儿媳为公婆戴孝，则要横插一个白银或白铜的小扁方。

清代后妃首饰质地多，有金、银、玉、翡翠、玳瑁、伽楠香、檀香木、珍珠、宝石等，其制作精细为天下罕见：金累丝、金镶嵌、金錾花、玉雕刻、玉镶嵌、嵌珍珠宝石、羽毛点翠等多种多样。在扁方仅一寸长的狭面上，透雕出精美的花草虫鸟、瓜果文字、亭台楼阁等图案，惟妙惟肖，栩栩如生。清代后妃们戴扁方故意把两端的花纹露出，引人注目。有的人在扁方轴孔中垂一束丝线穗子，据说是与脚上穿的花盆高底鞋遥相呼应，使之行动有节，增添女人端庄美丽的仪态。

新石器时代　玉簪

簪

簪的使用历史很早，在距今六七千年以前的新石器时期的仰韶文化中，就有了圆锥形的骨簪出土，其中有鱼骨、兽骨的簪。它给人类生活带来方便，深受人们喜爱。随后人们的审美标准逐渐升华，到新石器后期，已经有了玉簪出现，并在簪的一头伴有装饰，或雕刻或嵌宝石彩石。奴隶社会时期，奴隶主强迫奴隶为他们创制更精美的头簪，以显示他们至尊的地位。在陕西张家坡西周遗址的出土文物中，就有用骨头雕成鸟形和镶嵌绿松石的头簪。

春秋战国时期，金簪、玉簪相继出现并成为奴隶主贵族身份的象征。帝王冠饰玉簪，臣以下饰象牙簪、犀角簪。秦汉之际，流行文官簪笔风俗。古人外出都有手持笏板的习惯，有事需记载，立刻用笔写到板上，以免遗忘。于是将随身带的笔簪于头上，取用方便。后来朝廷文官纷纷效仿，其用意是面见皇帝时记录皇帝的口谕及书写向皇帝奏明的事情。簪笔冠饰便成为汉代文官的一种代名词，叫做"簪白笔"。这一风俗一直沿袭魏晋隋唐各代，盛行不衰。

男人戴簪是为实用，而古代女子戴簪完全是为修饰髻发，其式样之多、工艺之巧，自古以来就是妇女们追求的目标。东晋葛洪《西京杂记》载：汉武帝的爱妃李夫人喜戴玉簪，并用玉簪搔头，"自此后宫人搔头皆用玉"，竟造成玉价倍涨的局面。仅次于玉簪的是玳瑁簪。《续汉书》载："皇后太后簪以玳瑁。长一尺，端为花胜，左右各一，横簪之。"宋至明代，是"簪"发展的鼎盛时期。手工业技术的发展，制簪的工艺水平不断提高，当时錾花、镂雕、金银累丝、盘花、镶嵌等花色品种无所不有，为贵族妇女和平民百姓女子广泛使用簪饰开辟了广阔的前景，也为清代各阶层妇女戴簪铺平了道路。

清宫后妃戴簪是梳各种发髻必不可缺的首饰。但从清代后妃遗留下来的簪饰来看，簪分两种类型。一类是实用的，另一类为装饰用的。实用簪多为光素，制地有金、镀金、银或铜的，是在梳头中用于固定发髻和头型用的。装饰型簪则多选质地珍贵的材料，制成图案精美的簪头，专门用于发髻梳理后戴在明显的位置上。现故宫博物院内珍藏的《颙琰妃喜容像》

银点翠嵌蓝宝石簪

《旻宁行乐图》等宫廷写实画，都有后妃戴簪的描绘。从图上看，她们有的将簪戴在发髻正中，有的斜插在发髻根部的头座旁。后妃们头上戴满了珠宝首饰，发簪却是其中的佼佼者。因而清代后妃戴簪多用金翠珠宝为质地，制作工艺上亦十分讲究，往往用一整块翡翠、珊瑚、水晶、象牙制出簪头和针挺连为一体，这种发簪最为珍贵。如故宫博物院珍藏的白玉一笔寿字簪，就是一块纯净的羊脂白玉制成的雕刻成一笔寿字，针挺则是寿字的最后一笔。用同一方法雕制的翡翠盘肠簪、珊瑚蝙蝠簪都是簪饰中之佳作。此外还有金质的福在眼前簪、喜鹊登梅簪、五福捧寿簪等以雕刻精细、玲珑剔透而吸引观众。再有金质底上镶嵌各种珍珠宝石的头簪，多是簪头与针挺两部分组合在一起的，但仍不失其富丽华贵之感。

随着清代后妃发式逐步加宽加大，簪饰也逐步朝两个极端发展：一种簪头逐步变小，如疙瘩针、耳挖勺、老鸦瓢等；另一种却越来越大，不仅适合满族妇女梳两把头覆盖面大的特点，还逐渐演变成头花、扁方等大首饰。

　　头簪作为首饰戴在头上美饰发髻自不必说，簪头制成寓意吉语以托物寄情，体现了制作工匠的独具匠心。就清代后妃遗留下的簪饰来说，形式之多、花样之广，是之前各个时期所不及的。

　　曾在故宫博物院珍宝馆展出的一支畸形珠"童子报平安"簪，就是一件少有的珍品。簪头是一特大畸形珍珠，约 5 厘米长。粗看上去类似一顽童在作舞蹈状。在畸形珠左边饰一蓝宝石雕琢的宝瓶，瓶口插几枝细细的红珊瑚枝衬托着一个"安"字。顽童背后一柄金如意柄，将其与宝瓶连为一体，并将金累丝灵芝如意头露在顽童（装饰看是个男孩）右侧。整个造型连在一起便称之为"童子报平安"或"童子如意平安"。在封建社会里，封建道德伦理讲究"三纲五常"，即君为臣纲，夫为妻纲，父为子纲。后妃虽为皇帝妻妾，仍以皇帝为纲，对皇帝讲忠、尽忠。忠就要多生男孩子，故有"多福多寿多男子"之谚。这只头簪的用意是不言而喻的。试想，一支头簪戴在头上，寄托着多少后妃的求福盼子之心。

银镀金嵌珠宝凤簪

然而，事实并非那么称心如意，清康熙帝 35 个儿子，长大成人的只有 24 个，又因争夺权势，使他不到古稀就失去了多位皇子。清晚期的同治、光绪有后、有妃但无子，导致慈禧两度垂帘听政，掌握实权长达半个世纪，影响了中国的近代史进程。

慈禧太后不仅是个权欲狂，还是个美欲狂。自年轻时起，就非常喜欢穿艳丽的衣服，戴艳色的头簪，如红宝石、红珊瑚、翡翠等质地的牡丹簪、蝴蝶簪。咸丰十一年，咸丰帝病逝承德的避暑山庄，慈禧太后 27 岁便成了寡妇。按满族风俗，妻子为丈夫要戴重孝 27 个月。头上簪钗要戴不经雕饰的骨质的，或光素白银的。慈禧太后下旨令造办处赶制一批银质、灰白玉、沉香木等材质的头簪。同治元年二月，这批素首饰陆续送到慈禧太后面前，她每天勉强插戴极不情愿。释服之后，这批首饰全部打入冷宫。慈禧太后又戴上了红花绿叶的艳丽头簪，直到老年仍不改初衷。

后妃戴簪有季节性，冬春两季戴金簪，到立夏这天换下金簪戴玉簪。直到立冬又换上金簪。

德龄曾回忆说："光绪二十九年农历四月二十四日是立夏，这一天每个人都得换下金簪戴玉簪。"就在这天，慈禧太后赐给德龄母亲、妹妹和她每人一只玉簪。"太后拣了一只很美丽的给我母亲，说这只簪曾有三个皇后戴过，又拣了两只很美丽的给我们姐妹俩各一只，说这两只是一对，一只是东太后常戴的，一只是她自己年轻时戴的。"

清末，后妃头簪大多都是祖宗传下来的遗物，宫中后妃都视若珍宝。慈禧太后对她喜欢的人可以任意赏赐毫无约束；但对光绪帝却为一只玉簪而恨之入骨，至死不肯谅解。戊戌政变后，慈禧太后将光绪帝囚禁南海瀛台。一日隆裕皇后去看望光绪帝，光绪帝爱答不理。他与隆裕皇后虽是名义上的夫妻，但半点夫妻情分都没有。见隆裕皇后到来，光绪帝连说两个"跪安吧"，弄得她十分恼火，故意装作没听见。光绪帝见她不走，气得两手发抖，使足力气想把她推出去，没想到用力过猛，碰到隆裕皇后发髻上的玉簪，玉簪摔地立刻粉碎。这只玉簪是乾隆时的遗物，传到慈禧太后手里，她又给了隆裕皇后。隆裕皇后立刻哭着把这件事告诉了慈禧太后。慈禧太后更加气恨光绪帝，从此派人严加看守，像对待罪人那样对待他。送饭饭馊，送汤汤凉。可怜一代天子，竟为一只玉簪遭受非人的折磨。真可谓"物以稀为贵，母子情分疏"。

头花

头花是簪发展而来的首饰，由花头和针挺两部分组成。由于清代后妃发式由小两把头演进为两把头又到大两把头，即大拉翅的产生，头上发式越见宽大，于是一种覆盖面较大的头上装饰 —— 头花便应运产生，在簪的基础上做了适当的修改。

清宫后妃戴头花大多以珍珠、宝石为原料，故需要一个稳定的依托。即在针挺的顶端焊一十字形横托，并于十字横、竖交叉点做头花的主体。如花

银镀金嵌珠宝花盆头花

绢头花

朵鸟兽，其他树叶、虫草环抱四周，簇拥主体。这样互相搭配即使构图的主次关系明显，又使珍宝为原料的头花本身合理地分担了承受能力。后妃们一般在梳头时，把大朵头花戴在两把头正中，称为"头正"，也有选用两朵相同颜色和造型的分插两把的两端，又称"压鬓花"。

将大朵花戴在头上历来是满族传统。清前期正值上升时期，后妃生活节俭，为了满足美的欲望，就将应时的鲜花戴在头上。随着统治地位的巩固，后妃头上戴的头花也随之抬高身价。虽然清宫有的是一年四季开不败的鲜花，但后妃们更喜欢珍宝质地的头花。皇后头上要戴十余件首饰，其中头正、压发花是必戴的，妃、嫔们头上的首饰相对酌减，但仍是把发髻盖得严严的。所以说，后妃们头上戴花与其说是为了美饰，不如说是彰显自己的身份和地位。到了清晚期，形势江河日下，后妃生活也有所变化。为撙节开支，后妃头上戴的头花也由昔日的纯金变成镀金、包金；珠宝大花变成了绒花、绢花，甚至纸花、通草花；就连羽毛点翠的头花，都用茜草染色代替了。

羽毛点翠首饰在我国流传甚远，其工艺水平不断翻新，发展到乾隆朝达到顶峰。羽毛点翠首饰以色彩艳丽、富丽堂皇而著称，但制作起来非常繁杂。据了解，其制作方法为先用金、银片按花形制成一个底托，再用金丝随图案花形的边缘焊起一圈凸起的槽，在中间凹下去的部分涂上适量胶水待用，用小剪子剪下翠鸟的羽毛，轻轻地用镊子把羽毛排列在涂了胶的底托上。翠鸟毛以翠蓝色和雪青色为上品，然而翠鸟娇小，羽毛柔细，制一朵头花需要许多翠鸟。囚翠鸟毛光泽好，颜色鲜亮，再配上金光闪闪的凸边，做成头花后戴在头上与其他首饰相比能产生不同的效果。

现在故宫博物院内珍藏的金属类首饰，以乾隆时期的居多。如红宝石串米珠头花、点翠嵌珍珠岁寒三友（松、竹、梅图案）头花、蓝宝石蜻蜓头花、红珊瑚猫蝶头花、金累丝双龙戏珠头花、金嵌花嵌珍珠宝石头花、点翠嵌宝石花果头花、金嵌米珠喜在眼前头花、点翠嵌珊瑚松石葫芦头花等等，都是以焊接底托工艺制成的。既沿用历史传统技巧，又突出乾隆时期的特点。虫禽的眼睛、触角，植物的须叶、枝杈都用细细的铜丝绕成弹性很大的簧，轻轻一动，左右摇摆，形象十分逼真。

还有一种金属焊接作底托与针挺，珠宝花用铜丝扎成一束的头花，也以灵活多变受到后妃们的喜爱。它是以不同粗细的铜丝做花枝、花叶，再将宝石做成的花瓣、叶片末端的小孔串成花朵、花蕊、花叶、枝芽等不同单枝，然后按照图形将各部位摆好，将单枝扎成一束，最后集中在一根较粗的铜丝上与针挺扎牢。戴在头上的效果甚佳，为女性增加几分娇态。此外金属镶嵌头花、金累丝头花也都以形象逼真、做工精细被前人喜爱，使后人赞叹。

清宫后妃头花，还有大批绒花、绢花、绫花流存于世，这些头花色彩协调，晕色层次丰富，堪称"乱真"之花。据说，唐代杨贵妃鬓角有一颗黑痣，常将大朵鲜花戴在鬓边用来掩饰。因鲜花易枯，就令人研制鲜花颜色做绢花。此工艺不断发展，越制越精。清代后妃遗留下来的绒、绢、绫、绸头花有白、粉、桃红三晕色的牡丹花，浅黄、中黄、深黄三色的菊花，白、藕、雪青三色的月季花及粉、白相间的梅花等等，时隔百年之久，仍鲜艳悦人。

钗

钗和簪的用途相似，都是女子盘髻不可缺少的首饰。钗有双挺或三挺的，较之簪对于发髻的固定更牢一些。

古老的钗与簪形式雷同，也是由钗头针挺自然连为一起。如汉代流行的玉燕钗就是其中的一例。相传汉武帝建造招灵阁时，有神女留下一支玉钗，武帝将其赐给一位赵姓宠姬。几十年后，汉昭帝继承帝位，后宫女子时兴戴钗，苦于没有理想的式样，到处寻找。一次宫女们看这支玉钗无雕无饰样子普通，就想把它毁掉另做。但等到第二天打开钗盒时，只见一只飞燕直奔天空。燕子起飞尾巴呈叉形的美丽形象，使宫中女子深受启发，于是

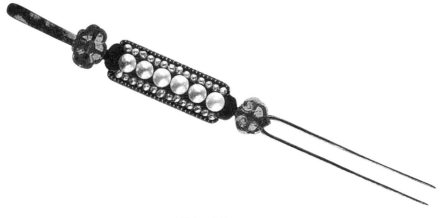

金镶宝石花钗

纷纷以飞燕为式制造头钗。燕子尾巴插在发髻上非常适宜，因此取名"玉燕钗"。

随着头钗的广泛使用，各种质地、各种造型的头钗不断出现。最常见是凤头钗，它的制作就由钗头与针挺两部分组合而成。故宫博物院现存清代后妃戴过的钗，大多分为两类，一类是钗头上装饰极美，一类是光素钗头无装饰。人们习惯将无装饰的叫"叉子"。叉子的形式也很多，有圆头叉、尖头叉、扁头叉，其质地多为金、银、镀金光素的，想来只是固定发髻而已。清代后妃头上的诸多首饰，有一个固定的中心起主要作用，就是这种叉子。

流苏

流苏是清宫后妃十分喜尚的首饰，其造型近似簪头，而又在簪头顶端下垂几排珠穗，随人行走，摇曳不停，与古代八大类首饰中的步摇极为相像。步摇首饰，始见汉代，最初只流行于汉代宫廷女子与贵族女人头上。何为步摇？"步摇者，贯以黄金珠玉，由钗垂下，步则摇之之意。"据《后汉书·舆服志》载："皇后谒庙服，绀上皂下，蚕，青上缥下，皆深衣制，隐领袖缘以縧。假结，步摇，簪珥。"汉代步摇的形制，据《后汉书》载："以黄金为山题，贯白珠为桂枝相缪，一爵九华，熊、虎、赤罴、天鹿、辟邪、南山丰大特六兽……白珠珰绕，以翡翠为华云。"由此可知，步摇是汉代礼制首饰，其形制与质地都是等级与身份的象征。汉代以后，步摇逐渐为民间妇女所使用，从而得以广泛流传。在贵族妇女中，还实行过一阵加于冠上的步摇冠，戴在头上较之步摇更有富丽豪华之感。

在故宫博物院举办的"中国文物精华展"中，有数件辽宁省出土的辽金时期金树形步摇冠饰件，金树是冠状伞形，一根两枝树杈分别展开了大小四十余枝小枝杈，每一

金树形步摇冠饰件

小枝杈顶端各有一两个可以活动的小金环，环下各系一片金树叶，稍一碰动枝摇叶摆，华美无比。它的出土使我们深感我们祖先的聪明才智和高超的创造力，同时也可以了解到封建帝王妃嫔生活之奢侈。

史载，唐宋之后，步摇形制变化多端，除金质的外，还有玉石雕琢成的，唐代诗人李贺《老夫采玉歌》中就曾有过"采玉采玉须水碧，琢作步摇徒好色"等诗句。同时还出现珊瑚、琉璃、琥珀、松石、晶石等珍贵材料制作的步摇。宋乐史《杨太真外传》载，杨玉环进唐明皇宫殿进见时，奏《霓裳羽衣曲》，"是夕，授金钗钿合。上（唐玄宗）又自执丽水镇库紫磨金琢成步摇，至妆阁，亲与插鬓"。明代四大名画家之一的唐寅在《招仙曲》一诗中写到"郁金步摇银约指，明月垂珰交龙椅"。由此可知明代步摇用"郁金"，可能是金属与珠宝镶嵌的一种步摇形制。其中不乏明代时兴起来的焊接新工艺。将金累丝与金底托焊接在一起，再嵌上珍珠宝石等作点缀，其实用耐久程度大大超过了雕琢、焖压等传统工艺技术。清代步摇大多采用这一制作工艺方法。

在台北故宫博物院出版的《清代服饰展览》图录中，有一件"点翠嵌珠宝翔凤步摇"，就是使用了金属焊接作底托，凤身用翠鸟羽点饰，其眼与嘴巴用红色宝石、雪白的米珠镶嵌，两足嵌红珊瑚珠，凤身呈侧翔式，尖

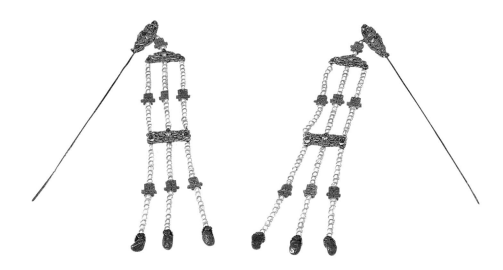

银镀金点翠串珠流苏

巧的小嘴上衔着两串十多厘米长的小珍珠，坠角是一颗颗翠做成的小葫芦。整个步摇造型轻巧别致，选材精良，实为罕见。图录中还有一件"吉庆有余"流苏，形制近似。与针挺连接的流苏顶端，是一金累丝的金戟，戟头挑着一个下垂的金累丝的磬，磬的两端又各下垂珠串：一串为珍珠青金石蝙蝠点翠华盖，下坠着红宝石坠角；另一串为珍珠蜜蜡鱼及点翠华盖，红宝石坠角。整个流苏由戟、磬、蝙蝠、鱼等组成，谐音"吉庆有余"。这件流苏寓意吉祥，形式别致。试想清代人戴上这件流苏不但装饰了发式，还集喻义、象征、谐音于一体，堪为流苏首饰的上乘之作。

步摇与流苏的形式一样，名称为什么没有沿袭下来呢？"流苏"的本义，是指古代人装饰车马帐幕时用的彩线丝穗。《后汉书·舆服志》中载"大行载车……垂五采，析羽流苏前后"。王维《扶南曲歌词》中也有"翠羽流苏帐"等句。何时将"流苏"一词用于头上首饰呢？尚有待于进一步考证，但两者形制作用相同，是毫无疑问的。

清宫后妃戴的流苏，多种多样。顶端有凤头的、雀头的、花朵的、蝴蝶的、鸳鸯的、蝙蝠的等等。下垂珠串有一层、二层、三层不等。现在故宫博物院珍宝馆展出的清代后妃首饰中，有一件"穿米珠双喜字流苏"，是皇帝大婚时皇后戴的。流苏顶端是一羽毛点翠的蝙蝠，蝙蝠嘴里衔着两个互套在一起的小金环，连接着一个羽毛点翠的流云如意头，如意头下平行缀着三串珍珠长穗，每串珠又平均分为三层，每层之间都用红珊瑚雕琢的双喜字间隔，串珠底层用红宝石作坠角。整个流苏自顶端到坠角长 28 厘米，是流苏中较长的一种。这种长流苏一般歪插在发髻顶端，珠穗下垂，刚好与肩膀齐平。

此外清宫珍藏的流苏，顶端以凤衔滴珠的最为常见。名"龙凤呈祥""彩凤双飞""丹凤朝阳""凤穿牡丹"等等。凤凰是百鸟之王，据说它能给人带来幸福、美好、光明。凤凰衔珠的形象，寓意凤鸟筑巢，

青绒银镀金嵌珠石勒子

准备育雏。封建时代的帝王都希望自己多子多孙，所以后妃的头饰中以凤凰为题的很多。

勒子

勒子，又称遮眉勒。原为江南一带老年妇女冬季围头的御寒品，明清之际广为流传，称为包头、勒子。其形制多用纱、罗、绸、缎等黑色长带，绕头一周。明隆庆年间勒子尚宽，其后逐渐变窄，但制作异常精细。有绣花图案的，也有中间镶嵌珍珠、宝石作点缀的。清代后妃戴勒子，沿袭明代旧制。《雍正十二美人图》中，就有两位美人头戴勒子，从画面上看，有纱绸的，也有貂皮的，反映了不同季节戴不同式样与质地的勒子。除后妃平日起居戴勒子外，宫廷典制活动中后妃戴的金约，类似勒子形制，但比勒子要窄一些。

清代后妃日常生活中的首饰（二）

清代后妃日常生活中佩戴的首饰有戒指、手镯、佩、手串、指甲套、香囊、耳环等。

清入关前，在努尔哈赤建立的后金国都赫图阿拉城内，贵族妇女"颈、臂、指、脚皆有钏"。颈即项圈，臂为手镯，指为戒指，脚为脚镯。当年这些饰物，金质光素无华。清入关后，随着统治地位的巩固，经济不断发展，特别是受汉族习俗的影响，贵族妇女的首饰逐渐多样化。并且依据身份地位的不同佩戴不同等级的首饰。一般的手镯、戒指、脚镯等作为皇帝大婚、皇子纳福晋、公主下嫁的聘礼或嫁妆。

戒指

戒指，又称指环。北方方言称之为镏子。有人把原始社会出土文物中的泥环，认为是指环。在古代宫廷中妇女戴指环，最早出现在汉代初年。据传说，在那时戴指环只限于妃嫔和宫女，她们戴指环是用以表示正值月事，不能侍奉帝王，就在左手戴银指环。如果能侍奉帝王的，则戴金指环于右手，同时由女史官记下日和月。大约到南北朝时期，民间互赠指环是男女婚姻聘礼的风俗。唐朝开始，指环称为戒指。婚嫁双方互赠戒指作为订婚的小礼，

金镶宝石戒指

并一直沿用至今。戴戒指既然是民间风俗，其间必有许多讲究，如姑娘定亲之后，可以戴一枚戒指，戴在左手，结婚以后戴在右手。不能随便乱戴。但是闺中未婚许配的女子是不可以戴戒指的，否则被人指责笑话。现代人都学习西方人戴戒指的习惯，把结婚戒指戴在左手的无名指上。这是古罗马人相信人的左手无名指有一条静脉直通心脏，如果把结婚戒指戴在无名指上就可以获得真挚的永恒的爱情。

　　清初，宫中后妃是否戴戒指，不甚清楚。因为戒指并未规定在服饰制度之中。我们在清初宫中行乐图中也没有看到后妃戴戒指的例子。乾隆朝以后，戒指在清代后妃首饰中已十分时兴。

　　宫廷画《颙琰主位常服像》中，描绘了站在花园庭院阁楼上有两位年轻女子，着装与《雍正十二美人图》极相像，发髻高而蓬松，并罩线络子。在左手第四指（即无名指）上戴戒指。另一幅道光时《孝静成皇后朝服像》，皇后头梳两把头，双手戴手镯，右手第四指戴戒指。同治朝绘的《孝贞显皇后便装像》，也是头梳两把头，左手无名指戴戒指。在另一幅《孝钦显皇后便服像》，也就是慈禧太后便服像，也是左手第四指戴戒指。

白金镶钻石戒指

从以上后妃画像中可以看出，有的戒指戴在左手，有的则戴在右手。究竟清代宫廷中戴戒指是否为美饰，还有待研究。但从许多后妃写实画像中可以证明，清代妇女戴戒指已经非常流行，其形式有以下几种：

圆箍型，即环形死口，又称戒箍。是我国历史上流传下来的传统式样，面光素，无饰。质地多为纯金、赤金、银镀金、玛瑙、翡翠等。如前面提到的乾隆帝的容妃、光绪朝时的慈禧太后等人画像上戴的都是这种戒指。

镶嵌宝石型。活口圈状，可根据手指粗细调节伸缩。这种类型戒指，多受欧洲首饰影响。康熙二十二年，我国与英、法、荷、西、葡等国贸易逐渐展开，通商贸易十分频繁。我国输出丝绸、陶瓷、茶叶、生丝等原料，换回檀香木、象牙、棉花、金属、玻璃、钟表、首饰等洋货。清统治者大开眼界，如康熙年间进口的猫眼石戒指、钻石戒指、宝石戒指等都是镶嵌宝石在金银戒指托上的。据嘉庆四年六月初二日，和孝固伦公主向清宫进献的物品中就有"金嵌小正珠戒指一对""金嵌钻石戒指一对"。

目前，故宫现存一批珍贵的戒指，有翡翠的、金镶翡翠的、钻石面的、红蓝宝石面的白金戒指及黄金戒指，还有硕大的祖母绿戒面及大钻石戒面。钻石工艺重在磨工，磨成多面体，即五十七或五十八个面，每面光洁度高，可单镶戒指或镶嵌在金银首饰上，都是不可多得的传世之宝。

手镯

古代称手镯为臂环或腕环，男女都能戴，后来逐渐发展成为妇女专戴的首饰之一。清代后妃早在入关前就有戴手镯、脚镯的习俗。入关以后，

金镶伽楠香嵌金丝寿字手镯

更是经常戴的首饰之一。

《雍正十二美人图》中，就出现过几位妃子戴手镯的情景。如手握怀表的、缝衣的和坐在湘妃竹椅上的几位妃，露着的手腕上都戴手镯。有金的，也有金镶玉石、宝石的。《乾隆妃梳妆像》中，画的是面对菱花镜梳妆的妃子正在往头上插一支头簪，抬起的手腕上戴着金镶珍珠的手镯。道光时绘的《喜溢秋庭图》表现的是皇帝和后妃园囿游乐图。后妃们身着清代满族服装，头上梳两把头发式，她们左、右手的腕子上都戴着手镯。可以看出，宫中女子戴手镯是十分普遍的，故手镯需求量也很大。清乾隆时期，后妃的手镯都是由外地购进的。到清末光绪年间，国库窘困，关税减少，无力购买了。但是粤海关仍通过各种渠道频频地向宫内进贡首饰，有扁方、耳挖簪、佩、手镯等。

从中国第一历史档案馆收藏的清代贡单中，可以看到清光绪年间宫中收到各地贡进的手镯种类繁多，数量惊人。如玳瑁手镯、金镶玳瑁手镯、金镶穿珠玳瑁镯、穿珠赤金镯、赤金镶珠双龙拱珠镯、金累丝双龙戏珠镯、金镶翡翠珍珠手镯、金镶珍珠福寿手镯、镶红绿宝石珍珠玳瑁手镯、紫金锭镂空錾金手镯、紫金锭金镯、洋錾金手镯、镶金口茄楠香手镯、镶珍珠寿字茄楠香手镯、镶金寿字茄楠香手镯等等。每次进贡十对、八对不等，最多的一次进贡十二对。现在故宫存有清代遗留的手镯很多，除金质、木质（伽楠香）、药物质（紫金锭）、动物质（玳瑁）外，还有珠宝、翡翠等手镯。

故宫博物院珍宝馆中，展出了一对翡翠手镯，死口圆形，内径约5厘米。其质地润泽，绿色浓艳，是难得的优质翠，制成手镯更是价值连城。清末，美国画家卡尔曾进宫为慈禧太后画过几幅油画像，其中一张身着万寿字的氅衣、头梳两把头发髻的画像中，就戴着这样一副翡翠手镯。珍宝馆展出的还有玳瑁镯、珊瑚镶珍珠手镯、赤金双龙戏珠手镯等，都是昔日后妃们戴过的。

翡翠镂双蝠双喜纹佩

佩

佩是古人佩戴在衣带上的饰件。一般由玉制成，所以又可写作"珮"。清代皇宫贵族非常盛行戴佩。皇帝、皇子及王公大臣们的腰带上都有佩。民间还将佩作为男女定情之物。于是本是男子戴的佩，在女子身上也成为一种时髦装饰。

　　佩饰的广泛普及与应用，逐渐引起清宫后妃的好奇。她们也将佩当做装饰自己的首饰。清代后妃戴的佩一般选颜色鲜艳的宝石制成。如桃粉色的芙蓉石、大红色的珊瑚、深紫色的紫晶石、碧绿色的翡翠、黄色的蜜蜡、洁白的羊脂玉、蓝绿色的孔雀石等。其式样，多用浮雕或透雕工艺。故宫博物院珍宝馆展出的白玉三羊开泰佩、碧玉松竹梅岁寒三友佩、碧玺玖吉庆有余佩等，都是长八九厘米、宽四五厘米的长方形双面浮雕佩。而翡翠万寿无疆佩、竹报平安佩等都是双面透雕的

黄碧玺带珠翠饰十八子手串

花纹。佩饰一般雕饰传统图案，其纹饰也都喻义吉祥、富贵、平安等。

　　手串

　　手串是清代后妃的重要装饰品。手串由十八粒圆珠串成，取其"二九"两个数字，为讨大吉大利。手串可挽在手腕或拿在手中，也可挂在便服右衽大襟上。其质地多由翡翠、碧玺玖、红宝石、水晶等制成圆珠，选一精致的坠角系在末端，戴在衣襟扣上。手串与坠角呈下垂状。也有绿松石、玛瑙、蜜蜡、伽楠香等质地的，都是根据服装颜色选择合适、明显的手串佩戴，增添美感。

　　1987 年，中国历史博物馆应日本泛亚细亚文化交流中心的邀请，在日本举办"中国历代妇女像展"，其中两幅清代油画像上的人物即饰有手串。

　　一幅是清乾隆时的《香妃画像》。香妃身穿木红色便装，头梳蓬松发髻，左右斜插两只翡翠发簪，耳戴翡翠三连套环耳坠，手腕上戴着翡翠手镯，衣服右大襟第二扣上戴一串黄玛瑙手串，坠角则配以大珍珠与翡翠珠。整

金錾古钱纹指甲套

体看去，发髻、首饰协调一致、颜色和谐，给人以雍容富贵的感觉。

另一幅画像是清光绪二十九至三十年之间的《慈禧太后油画像》。画像中，慈禧太后身穿黄色带团寿字紫藤萝花氅衣，头梳大两把头，两把头的两翅上各插戴珍珠流苏，手串也为珍珠串成，坠角则配以紫晶配饰。紫晶和藤萝颜色相同，色白晶莹的珍珠串与富丽堂皇的明黄色，配在一起明朗高雅，既显得身份高贵，又含有隽永之美。

指甲套

女人留长指甲并用指甲套加以保护，是明清以来贵族中流传广泛的时髦装饰。为保护指甲，用金、银、镀金银、翡翠等珍贵材料制成护甲套称"指甲套"。清代后妃生活在清宫，过着衣来伸手、饭来张口的享受生活，把蓄留指甲当做一种乐趣。当指甲长到一定程度，稍有磕碰，很容易折断，因此对长指甲还要有一套专门的保养方法。

据在慈禧太后身边当侍女的荣姑娘所述，每天晚上临睡前，要将指甲浸、洗、泡，有时还要校正。夏天还好说，冬天指甲脆，更要多加保护。慈禧太后睡觉前，由两名宫女专门侍候给她洗指甲。先用温水泡，再用小夹子将指甲夹直。指甲要是有不平的地方，用小锉子锉平，使指甲保持均匀。用小刷子把指甲里里外外刷洗干净，然后用翎管吸上指甲油涂一层保护层。临睡前还要套上黄缎子做的指甲套，白天再换上金银质地的指甲套。

指甲套多由金、银、镀金银、玳瑁、翡翠等材料制成，造型结构比较复杂，外部装饰也比较讲究。指甲套一般长 5.5 厘米，口径 1.5 厘米左右，呈弓形，自口至指尖渐细，脊背可以伸缩，使用时可根据手指粗细适度调节曲度。

道光朝所绘《喜溢秋庭图》中，皇后与妃嫔均留长指甲，在无名指、小指上都套着金指甲套。美国画家卡尔为慈禧太后画像，慈禧太后留着的长指甲，可谓"十分惊人"，短的一寸（约 3 厘米）有余，长的可能约二、三寸（约 6 厘米、9 厘米）。

银镀金珠石累丝指甲套

指甲套多戴在无名指和小指上，因为人在拿取东西时，可用拇指、食指和中指，余下两指可以翘起不用。可见，当年的皇后妃嫔们在装饰中为了充分显示珠光宝气，就连小小的手指头也尽情修饰。

故宫博物院现存的指甲套，金属镂空的居多。面上有镂雕着六个古钱连续的花纹，中间嵌红宝石；也有背面镂空雕刻梅花纹饰；还有的以金属为底座，上面饰以翡翠福寿字纹饰，周围饰以嵌珠宝的花蝶。镂空指甲套做工合理，既可加强器物的装饰效果，又减轻了物体本身的重量。

此外，翡翠与玳瑁质地的指甲套也都制成弓形，适合手指弯曲与活动到一定的弧度。上尖下宽，口与手指中部吻合，才能戴上舒适自如。但这种指甲套相当费工费料，如制一对长 10 厘米的翡翠指甲套，需用一整块质地精良的材料，外部做好后，内部再镂空，四壁要薄厚一致，近似于透明玻璃管。据说，制造一对翡翠的指甲套要比镂空雕刻一件精美的玉器陈设都要费工。卡尔所画的《慈禧太后油画像》上，慈禧太后当时就是戴着两对这样的指甲套。

香囊

香囊，又名香袋、花囊，是清宫后妃挂在身上装香料、香花的装饰品。花囊质地很多，有玉镂雕、金累丝、银累丝、点翠镶嵌和丝绣的。一般制成圆形、方形、椭圆形、倭角形、葫芦形、石榴形、桃形、腰圆形、方胜形等等。多是两片相合中间镂空，也有的中空缩口，但都须有孔透气，用以散发香味。香囊约长 10 厘米，宽 5 厘米，厚 2 厘米。顶端有便于悬挂的丝绦，下端系有结出百结（百吉）的系绳丝线彩绦或珠宝流苏。

百花盛开的春末夏初，清宫后妃采来白兰花、茉莉花、玳玳花放入香囊中，挂在身上，以闻其香。冬天无鲜花时，放上香料、香草，挂在身上提神开窍。尤其在暑天三伏，在香囊中放入紫金锭，既能避暑防瘟，又能防虫驱蚊。

香囊制作工艺精致、漂亮，后妃们除将香囊挂在身上以外，还将香囊挂在自己的寝帐中，不仅起到装饰美的效果，还能熏染、净化空气，对身心健康是十分有益的。

清代后妃通过头饰及其他首饰装扮自己，表现了各自的富贵豪华，同时反映了她们的审美标准。这些首饰多见于清代宫廷画中，有些实物，完

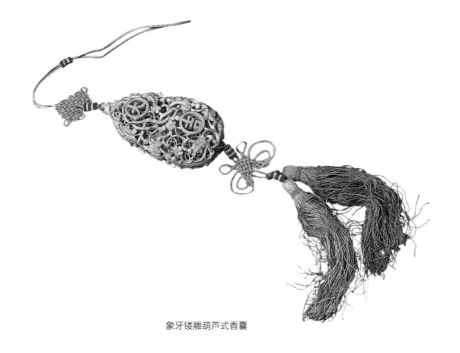

象牙镂雕葫芦式香囊

好地保存在故宫博物院。部分首
饰陈列在故宫珍宝馆内，展示给
国内外观众，让他们通过这些藏
品了解清代宫廷中后妃生活的一
部分。

银累丝嵌玻璃首饰盒

清代后妃首饰的来源

清代后妃戴首饰，除有严格的
等级规定外，在平时起居生活中插
戴首饰也有明显的贵贱之分。皇帝
有八个等级的妻妾——皇后、皇贵
妃、贵妃、妃、嫔、贵人、常在、答应。皇后位居最高，所戴首饰级别也
最高，如赤金、大珍珠、好宝石（质地纯、颜色正）等制成的。皇贵妃仅
次于皇后，贵妃又次之，妃再次之，以下逐级递减。到常在、答应这个等
级，头上、身上戴的首饰就看各宫主位（即后妃）的赏赐了。若是高兴时，
能赏给一些质地、式样好的；反之，随便拿一些过时、陈旧、质次的首饰，
她们也得痛快地戴在头上，以博主位欢心。

后妃首饰来源很多，有过生日、节日时皇帝赏赐的，也有各地年、节
进贡的，还有后妃请别人代买的。

皇帝是中国最大的封建地主。皇帝及其后妃的吃、喝、穿、戴都靠全国
各地供应。除正常的征收摊派外，每年三大节（元旦、冬至、万寿）要有节贡，
元宵（灯节）、端阳、中秋等节要有专贡。清乾隆时期，正项贡品，都以当
地特产进贡清宫。当时江南是首饰的产地，扬州、常州、苏州、杭州等地专
门制作妇女首饰及各种衣服花边，通过江南三织造定期向清宫进贡。

江南三织造即江宁（南京）、杭州、苏州三处织造，是清廷派出的一个
采办宫廷及宫用绸缎布匹的机构。清初三织造归工部管辖，后又改为内务
府管理。承办物品由内务府广储司拟定花样、颜色及数量，由三织造官督办。
织造监督权高职肥，有权直接与皇帝沟通，在三织造任职的官员都是皇帝

的耳目心腹。康熙年间曾任织造监督的曹雪芹祖父曹寅，其母为康熙帝乳母，故与皇帝关系甚为密切。而织造官员为保持自己的地位，特别注意帝后的喜爱与嗜好，以讨帝后的欢心与赏识。所以织造官员在经办帝后衣物材料的同时，往往都要捎带采购些后妃首饰。

三织造所在地之一的苏州，是头花的产地。自南宋以来，苏州女士随四季变化应时节序插花于鬓，利用发式的变化迎春送秋，如花似锦，这种风俗无论民间及贵族皆盛。春天戴玫瑰花、玳玳花、白兰花，夏天茉莉花、珠兰花，秋天凤仙花、桂花，冬天山茶花、腊梅花。明末清初以来，苏州首饰匠役以其精湛的技艺，制造形象逼真、娇艳不败的珠宝头花、绒花、绢花。清代的织造官员深知苏州首饰匠役的高超技术，便令其为清代后妃制作首饰。不仅用广东的珍珠、南海的珊瑚、云贵的红蓝宝石、新疆的美玉、湖北的绿松石、东北的玛瑙等各地官员进贡的珍贵材料，还通过粤海关用重金购买由缅甸、泰国、锡兰、伊朗、阿拉伯以及欧洲各国产的翡翠、红蓝宝石、猫眼石、钻石、青金石、绿松石等奇珍异宝，制作各种各样的装饰品，随同帝后的衣服材料贡进清宫。皇帝再按后妃身份等级逐个赏赐。年节赏，后妃生日赏，晋封时赏，就连后妃生儿育女也能得到一份赏赐。久而久之，后妃的首饰就是一笔丰厚的物质财富，世代相传。一件珍贵的首饰要接连传几位皇后，就不足为奇了。

后妃首饰也有以个人名义送的。各地贡品以各地土特产品为主，但有些地方官员，常在贡品中捎带一些本地缺少的物品，首饰就是一类。乾隆

祖母绿宝石

六十一年，长芦盐政在端阳贡中贡进了应时贡品："宫扇十把、芭蕉扇十把、什锦扇十把、甜香佩二十片、香包二十件、芙蓉手串二十串、端阳景屏风、端阳景桌屏一对、端阳景挂屏一对。"此外，还贡进"翠顶花边十份、翠花十匣、绒绢花二十匣、什锦梳具九匣"。嘉庆初年，

淮安关、凤阳关在端阳贡中也贡进了紫金锭手串、念珠、香饼、香珠、线络香珠、点翠头花、点翠头面等。地方官为讨皇帝、后妃们的欢心，在官税中抽出相当部分税金到他地购买首饰，作为贡品进贡。后来此风愈演愈烈，摊派到百姓头上的税收也愈来愈多，人民生活困苦不堪，而宫廷后妃头上的首饰却越来越精美。

明朝初期，随永乐皇帝北上建都的宫廷重臣都带来了江南的家眷，她们已习惯于江南的衣食装饰，将南方匠役携至北京。流行于南方的衣着、首饰、饮食小吃，迅速在京落户，并很快地被北方人所接受。随着南北文化的交融发展，南北匠役逐渐取长补短，现在的大栅栏到花市一带便是制作首饰的集中地。到了清代，满族妇女厚爱装饰，梳两把头要插戴十几件首饰，首饰的需求量大，更促进了首饰业在质地、花色、品种上的增多。

清中后期，北京的首饰业发展很快，尤以花丝（即累丝）镶嵌和绒花两大工艺闻名，被称为"东方艺术"。《中国名产趣谈》中介绍了花丝镶嵌首饰的主要工艺程序。

花丝工首先用纤细的金银丝经过掐、填、拈、焊、堆、垒，编织成各式优美的图案，如团鹤寿字、鹿鹤同春、多臂佛像、吉祥如意、福寿禄三多、八仙、八宝、博古、古钱、蝙蝠、灵兰竹寿以及梅花、勾莲等纹样。镶嵌工将金银片或条錾打成各式纹样，然后按照需要镶以宝石、翡翠、松石、珊瑚、玛瑙。烧蓝工即在花纹内点以各色珐琅釉，再经不同温度烧成为光亮透明的固体，色彩艳丽，有立体感。

北京和平门外厂甸，许多专卖首饰和头花的店铺就是清乾隆时期兴盛起来的。

每到后妃生辰日，娘家及亲友总要到这些地方订制一批首饰，托人带进宫中，作为寿礼。逢年遇节也以个人名义进贡给后妃。

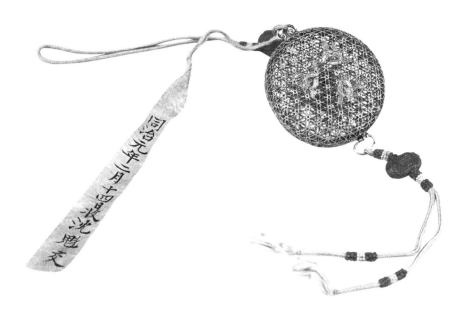

金累丝花囊

后妃们也托人到宫外购买首饰，待到年节时互相赠送。皇宫里的后妃们吃穿有份额，每月还有固定的银两，称为"月银"。皇后每月一千两，皇贵妃六百两，妃三百两，嫔二百两，贵人一百两，常在、答应五十两（月银照月发给，但遇有惩罚或下降等情况，要扣除）。

据德龄《清宫二年纪》载："五月初三是宫中后妃、女眷向慈禧太后送礼的日子，宫眷们便分批出去购买首饰、雕刻、刺绣等用品。然后将礼品装进黄盒子，放在庭院里等候太后过目……慈禧太后有超人的记忆，她将每人送的礼品记得极清楚。五月四日，她依照送礼的薄厚赏赐众人物品。"

面　饰

面饰，即面部美容化妆。自人类在生产劳动中发现美、创造美后，便用各种美的方法装饰自己。最初面部化妆男女皆然，随着社会发展、风俗变化,面饰便成为女子美容的重要内容。古代女子"以色与人",尤其在宫中,否则便会落得个"色衰而爱弛"的下场。因而古代女子总是不厌其烦地从面饰入手,"妆成每被秋娘妒"。漫漫几千年来女子面饰与社会发展、朝代更替密切相关。

女子面饰面面观

面部化妆起于何时?上古三代时期,"禹选粉""纣烧铅锡作粉""周文王敷粉以饰面"等都真实地记录了化妆与帝王的切身联系。战国时期,将粉染成红色,敷在脸上化妆,浓艳无比,面似桃花,深得广大女子喜爱。同时出现"粉白黛黑,施芳泽只"(《楚辞·大招》)"彼郑、周之女,粉白黛黑"(《战国策·楚策三》),女子搽粉、画眉,是史书中记载女子化妆的最早记录。随着女子化妆的盛行,粉、面膏、脂、泽之类的化妆品便应运而生。于是女子晨起化妆(包括梳头、穿衣、仪表修饰),以端庄、秀美的容貌开始一天的生活。

古代女子化妆大致有敷粉、搽胭脂、画眉、染额黄、点面靥、贴钿子、点唇等几方面。

敷粉

古人为保护面容,在脸上敷一层类似肤色的"粉"。据传说,禹在 50 岁以后,眼角、额头相继出现细细的皱纹。其实人到中年以后,皮肤松弛,脸上出现皱纹是正常生理现象。但统治者总想长生不老,就苦思冥想用什么方法消除皱纹。于是广召天下臣民献计献策,给予重赏。当时朝廷有人建议他用蜡涂

夏禹像(汉画像石拓片)

面可使皱纹平展。禹用此方试验，果然光滑除皱。但蜡与皮肤接触，立刻变硬，难以忍受。又有大臣建议用米磨成细粉和团敷面。禹想，米为人粮能丰肌饱人，搽在脸上也会有益无损。便再次试验，获得成功。自此禹长年使粉敷面，以此来掩盖额头、眼角的老年痕迹。

与此同时，广大臣民试制了许多制粉的原料，有植物类的益母草、茉莉花籽、石料类的软滑石，水产类的河蚌珠，矿物类的铅……比较流行的有两种：一种是将烧后的白铅压成粉，搽在脸上增白效果甚佳。但铅含毒，久用对人体有害，还会有生命危险。另一种是米粉，加水后制成粉坨或粉饼，随时都能搽在脸上，增白效果不亚于前者。民间制粉与禹不谋而合，又经验证此方值得推广，从而用米粉化妆面容得到人们的推崇。

胭脂

胭脂又称燕支。原是产于西域地区的焉支山的一种野生植物，名叫"红蓝花"。红蓝花初开呈粉红色，并有一股迷人的香气。越是濒临干枯，颜色越鲜艳，香气也越浓烈。据传当时有人将干枯的红蓝花采来后，轧短磨细，加水调合成红色液体，将棉花浸泡其中。使用时涂于面颊，淡红如晕，色憨面美。

随着西域道路的开通，胭脂传入内地。秦汉时期女子将胭脂掺入米粉中调成糊状或于软绸中，贮放在胭脂缸中。女子晨起梳妆，先搽上粉再涂胭脂，匹配成双。汉代女子崇尚桃花面，就是在粉中加入一定比例的胭脂，调成"红粉"，搽在脸上艳如桃花。当时流传的"红妆翠眉"就是这个时期化妆的特点。直至隋唐两代仍兴盛不衰。唐诗"傅粉贵重重，施朱怜冉冉"，就是当时女子桃花面饰的写照。

画眉

女子五官最重眼与眉，所谓"眉目传情"即是如此。我国女子画眉之风始于战国。在黛石未发现、使用之前，妇女用柳枝烧焦后涂在眉毛上求其美。用青黛画眉起源了西汉，流传广泛的"张敞画眉"故事，也是西汉时期女子画眉的史料。

张敞与妻子十分相爱。有一次，张敞不慎将妻子的眉额碰破，待伤愈后，

周昉《簪花仕女图》

留下伤疤，眉毛短一截，十分难看。为了补救，张敞每天早晚用毛笔蘸青黛为妻子画眉，妻子容貌如初，夫妻恩爱不易，而传为佳话。

汉武帝对宫娥女子画眉相当重视。曾令宫人画八字眉，宫中女子群起追求，纷争献媚。又一日心血来潮，令汉宫女子变换眉样，众女子又随而效之，眉毛随机应变。

魏晋六朝时，妇女使用黛石画眉已广泛流传，屡见不鲜。有的人嫌自己的眉毛长得不好，用刀刮去，再使用黛石画出自己理想的眉毛，或粗而短，或细且长，被当时女子看作是一种时尚化妆。

隋大业年间，炀帝好色，为了让后妃嫔面饰化妆，不惜重金从波斯（今伊朗）进口大批螺黛（画眉之黛石），每颗值十金，以供画眉。进口螺黛消耗大批金银，他将这笔开支最终全部加在广大劳动人民的征赋之中。

唐玄宗更有"眉癖"，较之隋炀帝毫不逊色。为让后宫妃嫔画眉消遣，特令画工绘制了十几种不同形式的"眉样"：御爱眉、小山眉、五岳眉、垂珠眉、月棱眉、分梢眉、涵烟眉、却日眉、拂云眉、横烟眉、倒晕眉、远山眉、蛾眉等等。眉毛的变化能表现人的喜、怒、哀、乐，还能反映人的心态活动。柳叶眉温和，远山眉舒展，八字眉娇痴，分梢眉英俊……唐代周昉绘《簪花仕女图》中贵妇的形象全是蛾眉秀眼、身着盛装，把唐代妇女面饰化妆的特点描绘得十分真切。

宋元之际，女子从唐代"玉环肥"的美人形象转变为秀丽俊俏、窈窕修长的体姿，面饰化妆也开始崇尚"眉如新月，细长而弯"的美女标准了，

"青黛点眉眉细长"就是当时妇女的追求。

进入元代以后，宫廷妃嫔的化妆在汉族女子的影响之下，也日趋浓妆艳抹，身着盛装。所用画眉之黛，全部选用京西门头沟区斋堂特产的眉石。至明清宫廷后妃画眉仍如此。

贴花

贴花又称花钿，也包括染额黄，是古代妇女面部化妆的一种方式，据传最早的花钿是画在额头眉间的，是南朝宋武帝女儿寿阳公主首创的。

据说，一日寿阳公主仰卧在含章殿下，正巧一朵盛开的梅花落在她眉宇间。一朵五瓣梅花的印记牢牢地印在上面，拭洗三天才见退去。宫中女子见其异美，纷纷模仿，称之为"梅花妆"。

起初，追求貌美的女子用胭脂在额间描绘出各种花形图案，后来逐渐发展到用金箔、银箔剪刻成花贴在额头及眉心鬓角等处，统称为金钿。此外还有银钿、翠钿、珠钿，因材料不同，式样也不相同，梅花形、桃花形、鸟兽形、弯月形、多角形……历代花样都有发展，名目繁多。到了唐代，已发展成满面贴花，以奇为美，五颜六色集于脸颊，使人想起京剧中的大花脸。此风刮到宋代似有收敛，爱美的妇女只在眉心间饰以花形妆饰。宋欧阳修《诉衷情·眉意》词云："清晨帘幕卷轻霜，呵手试梅妆。"就是当时妇女装饰的写照。明清时期，幼童与青年女子在眉心画一红点，可能就是受贴花面饰化妆的影响吧！

点唇

在古人的心目中，美女的标准是"粉白黛黑""樱桃小口"。粉有白、淡红之分，眉也有粗、细、弯、直之别。但与之相配的"口"，应以"小"为美，敷粉、画眉各随己意，但修饰唇、口却只有借助深于唇色的"唇膏"。

唇膏在先秦时就有了使用的记载，战国时宋玉的《神女赋》中写道："眉联娟以蛾扬兮，朱唇的其若丹。"丹，即为朱砂。朱砂是矿物质颜料，色红如血，涂在唇上色泽鲜明。但朱砂没有黏性，无法黏在唇上，于是朱砂加牛骨髓油制成唇膏涂在唇上，既美观，又可起到护唇的作用。当时男子也用这种方法制成白色唇膏，冬季护唇。唇膏一经使用，便受到贵族妇女的喜爱。她们用唇膏神奇般地改变嘴的形状，口大的可以变小，唇厚的又能变薄。有的将上下唇峰各涂成半个圆点，闭合嘴后，变成一个圆圆的红点，也有的上下唇画厚，两嘴角画圆，使之张开嘴呈"O"形。还有的将上唇涂厚，而下唇涂上二分之一部分，使之丰满，不刻板。古代女子涂唇膏最忌满嘴涂抹。涂的适合恰到好处，可以使上下唇闭合嘴角自然圆润。反之，非但达不到美的效果，还会影响本来面目。点唇之俗，历代相袭各有所长。

女子修饰容颜的特点

高尔基曾经说过这样的话："照天性来说，人人都是艺术家。他无论在什么地方，总是希望把'美'带到他的生活中去。"爱美是人类的天性，无可非议。然而，美的标准是什么？究竟怎样才算美？不同民族、不同时代、不同阶级的文化、风俗，各有为当时社会所公认的审美方式与标准。

在原始社会，周口店山顶洞人用兽骨穿成一串项链戴在颈上时，就已经意识到了追求自身美以及增加环境美的愿望。朴素、自然的美引发出居住装饰、用具装饰的美。

进入有阶级社会以后，追求美又进入了更高的层次。而美的本身在一定范围内得到升华。如统治者的美是建立在广大贫苦劳动人民辛勤劳作之上，他们挥霍、浪费、奢华，任意践踏劳动人民用聪明才智换来的美化生活的一切。统治者通过各种手段把各种美变成炫耀地位、分辨贵贱、标志等级的象征。其中女子的装饰美就成了取悦于权势、献媚于异性的资本。在那"女子与小人难养"的时代，女子面容化妆无不打上明显的历史烙印。

汉代女子喜浓妆

汉代是我国封建社会成熟时期，政治稳固、经济发达，大都

铜镜

市里五光十色的染织、刺绣、工艺、化妆品等商店比比皆是，为封建贵族女子的化妆开辟了广阔的前景。她们"衣必锦锈、饰必珠玉"，奢侈之风日渐浓厚，面容修饰更趋华丽。

在秦朝宫廷女子为适应秦始皇的审美标准兴盛起来的"红妆翠眉"，到了汉代亦未减弱，而且发展到脸上敷粉，颊上涂红，胸、背也涂红的地步。胸背涂红即将红胭脂从脸颊一直涂到前胸及后背上。这种妆饰艳如桃花、芙蓉，而且还必须再配上束腰、短袖，袒胸拂地长裙，是当时极为时尚的"红妆"打扮。

西汉美女卓文君的美也是美在"眉色如望远山，脸际常若芙蓉。肌肤柔滑如脂……"卓文君身为大家闺秀，仍以红妆、袒胸露背之服着身，可想这种装束在民间流行之程度了。东汉后期发展起来的贴花、靥面、梅花妆等面饰，都与其时子女浓妆有着渊源的关系。

魏晋时期的晚霞妆

"晚霞妆"的命名，有一段不寻常的来历。据《嬭嬛记》载，三国时魏文帝曹丕宫中有一女子，姓薛名灵芸，生得体娇柔弱，容貌绝世，深得曹丕宠爱。她初入宫时，"文帝以文车千乘迎之"。其时"外国献一火珠龙鸾钗"，非常珍贵，曹丕想给她戴，又怕她柔弱的身体吃不消，"明珠翡翠尚不能胜，况乎龙鸾之重？"珍珠翡翠的首饰都怕她嫌沉，龙驾火珠重钗是万万不敢让她戴的。曹丕每日都让她陪伴，不离左右一步。一日，曹丕夜读，灵芸朝他径直走来，不觉一头撞在四面是水晶的大屏风上，脸颊划伤。曹丕见她脸颊尚血如晚霞将散，美不可言，竟忘记为她唤侍包扎。薛灵芸伤愈后，脸颊留下深深的伤疤，曹丕对她宠爱更胜于前。后宫女子为献媚曹丕，纷争效仿，并将此命之为"晚霞妆"。

宫廷女子妆饰常常被民间百姓看作时尚。"晚霞妆"一开始便受到民间女子的重视，纷纷仿效。后来这一妆饰几经变化，将血迹四溅变成夕阳一抹式的"斜红"，与面饰化妆的画眉、面靥、点唇等程序一样，成为化妆的一个步骤。

梁简文帝萧纲《艳歌篇》中就提到过"分妆间浅靥，绕脸傅斜红"之装饰。从魏晋隋唐出土的一批人俑中，也可以看到脸颊有的涂一抹红胭脂、有的斑斑红点等现象，便可猜想到这种妆饰在当时流行甚广，并沿袭至以后各代女子面饰化妆之中。

隋代女子浓眉重画

隋代女子面饰喜浓眉，这是由统治者的意志决定的。隋炀帝好色，他命宫中女子一天数次化妆打扮，分别进御，由他来品评美丑，以定高低。据说女子当时化妆用的脂粉费用金竟达数以万计的程度。一次炀帝乘坐龙舟凤舸巡幸江都，划船水手均挑身着艳服、浓妆面饰的年轻女子充当。在一千多位精心挑选的水手中，有一位名叫关绛仙的女子，肌肤滑润，面似桃花，两道重重的粗眉如蚕似虫，炀帝见之，爱不能释。特召近前，命她朝夕相伴，陪饮侍宴，回宫之后，炀帝将她封为婕妤。关绛仙的妆容引起了宫中后妃们的羡慕与忌妒。宫廷女子的攀比之风本来就很激烈，有了关绛仙之前车，后妃与众女子无不效法模仿，甚至成为一代女子的流行面饰。

唐代的素妆与盛妆

唐代是我国封建社会中十分繁荣的时期，经济的发展带来了文化艺术的兴盛。尤其自西汉开通"丝绸之路"以来，各少数民族的文化交流、外国艺术的影响，使唐代女子思想开放，追求新奇的装束远远地超过了汉、晋、隋等各代。女子面饰化妆在原有的基础上又有许多创造与发展，起到了承上启下的作用。可以说是中国封建社会中女子化妆的一个鼎盛阶段。

红衣舞女壁画

初唐曾以盛妆为主，中唐流行素妆，晚唐又出现盛妆。

隋代流行的浓眉艳饰在唐代极为兴盛。1958 年陕西省西安独孤思贞墓中出土的三彩拱手女子陶俑，其面饰化妆即为明证。拱手陶女俑头发呈螺旋高髻，身着袒胸短衣与拖地长裙，面部妆饰虽不如隋代红艳，但两道浓眉仍袭隋风。此俑制作年代为唐武则天时期，从中可以看出当时贵族妇女的时尚与追求。另一唐垂拱元年的壁画，描绘的是一位身穿红衣的舞女正在伸臂展袖翩翩起舞，面饰斜红、口点唇膏，仍为前代遗风。唐代诗人韩偓《席上有赠》诗曰："鬟垂香颈云遮藕，粉著兰胸雪压梅。"就是对这种浓妆面饰的描写。

唐中期贵族妇女以素妆为时尚。素妆，又称淡妆、啼妆、时世妆。早在东汉时期，汉顺帝皇后之兄梁冀善作奇异服装，其妻孙寿创妇女新妆，"头梳坠马髻，两腮不施红，以墨点唇"。眼睛下边涂些泪痕，一副悲哀的妆饰，称之"啼妆"。啼妆一经兴起，"京师贵戚争而效之"。唐中期，玄宗极宠爱梅妃。梅妃姓江名采萍，不但长得貌美，还聪明过人，9 岁能诵诗背词。开元中被玄宗选入宫中。在宫中她淡妆素服，优雅富贵。天宝四年，杨玉环进宫封为贵妃。唐明皇日夜不离杨贵妃，整日"春宵苦短日高起，从此君王不早朝。承欢侍宴无闲暇，春从春游夜专夜"。杨贵妃虽备受宠爱，却非常嫉妒皇上对梅妃的思念。她让梅妃迁往上阳宫远离皇上，但玄宗"身在曹营心在汉"，梅妃的倩影时时萦绕眼前。他将外地贡进的珍珠，选出最好的一斛，赐给梅妃，以求得心理上的平衡。但梅妃自"渐失宠"，被冷落他宫，天天过着以泪洗面的日子，看到皇上赐予的珍珠拒不接受，并作《一斛珠》一诗，连同珍珠进御玄宗："柳叶双眉久不描，残妆和泪污红绡。长门自是无梳洗，何必珍珠慰寂寥。"梅妃想用她的愁苦哀情唤回明皇，使他回心转意，但一切都成了徒劳。杨贵妃"偏梳朵子，作啼妆，又有愁来髻，又飞髻，又百合髻"献媚玄宗，不但"后宫佳丽"宠丁一身，全家都得到实惠，每月供给十万之资的脂粉费。然而虢国夫人不施脂粉，自慕淡妆，常素面入朝，"腮不施朱面无粉""淡扫蛾眉朝至尊"。

封建贵族的淡妆、啼妆，统称为"时世妆"。白居易曾诗曰："时世妆，时世妆，出自城中传四方。时世流行无远近，腮不施朱面无粉，乌膏注唇唇似泥，双眉画作八字低，妍媸黑白朱本态，妆成尽似含悲啼……"化妆面饰本是女子追求美的选择，一张美丽漂亮的面容能增加一定的自信心，对于人的生理、心理都有积极、健康的影响，给自己、给别人带来的是愉悦、快乐。如果化妆成含悲啼哭的面容，不但不会有美感，反而使自己的心理健康受到损害，那就失去了化妆的意义。封建贵族流行的时世妆在民间百姓

女头像俑

眼里极不受欢迎。如秦韬玉在《贫女》诗中就讽刺道："谁爱风流高格调，共怜时世俭梳妆。"

晚唐的宫廷女子在面饰化妆、衣着服饰上为了取悦于封建统治者而不断变换花样，标新立异，在淡妆、啼妆流行于世的同时，又创造了浓艳灿烂、气质富贵的"盛装"。《妆台记》所载"贞元中归真髻，贴五色花子"，为后妃贵妇之盛装。唐代的盛装与繁荣的社会、开明的思想和勇于创新的精神紧密相关，每个人都在扮演社会的角色，天宝年间杨贵妃丰腴艳冶体姿的"玉环肥"，便成了贵族妇女形体、容颜、貌美的代名词。因而唐代贵妇的浑圆丰腴、面施厚粉浓胭、额贴花钿、蛾眉短粗及广袖、长裙、腰结大带配绶带披巾……构成了唐代特有的盛装装饰。《凝宫词》中"螺髻凝香晓黛浓"，就是唐代盛装的真实写照。

宋明女子浓淡相宜

宋、明时期，封建的三从四德如同一条锁链紧紧地缚束着妇女面容化妆的手脚，自唐代以来流行婀娜多姿的美人形象"环肥"，到宋代初年变成了秀丽俊俏窈窕修长的"燕瘦"。唐代中、晚期流行的"时世妆""盛装"到这时已被湮没，代之而起的是女子以柳眉、杏眼、樱桃口为基本面饰的化妆，面颊略施薄粉淡涂胭脂。无论是宫廷后妃还是民间女子，都以淡雅、含蓄的面部化妆表达了女性追求的回归自然的美。

清代后妃的美容

清代后妃美容化妆是宋明以来女子面饰化妆的延续与发展。

清代后妃的化妆准则

清代满族发源于我国东北的白山黑水之间，饮食生活以肉食、乳品为主要食品。由于肉类脂肪与乳制品的油脂，使满族男、女生来就有抗寒冷、抗干燥的皮肤。平时不需要护肤化妆品，不施粉黛，就有一副健康、自然的美态。古希腊哲学家柏拉图说："第一财富是健康，第二财富是美丽，第三财富是财产。"用柏拉图之语来评说满族人的美是毫不过分的。

清入关前努尔哈赤、皇太极建都沈阳，因战乱生活动荡不安，宫中后妃、女子化妆无一定之规，更谈不上奢侈、荣华。入关之初，政局不稳定，国库财力拮据，清宫后妃仍保持崇尚节俭、纯朴无华的习惯。逢年遇节稍加修饰，也不过是簪戴一般首饰，施以淡淡的脂粉。顺治帝的母亲孝庄皇太后主张宫内生活"尚节俭，禁奢华"。清陈康祺《郎潜纪闻三笔》中，比较清朝与明朝宫中费用："明朝费用甚奢，兴作亦广，一日之费，可抵今一年之用。其宫中脂粉银四十万两，供应银数百万两，至世祖皇帝登极，始悉除之。"

故宫博物院现藏《孝庄文皇后常服像》中可以看到，当时孝庄太后身着单色素服，发髻没有簪饰，面部化妆仅仅描眉，其他无饰，确实令人感到朴素无华。

孝庄文皇后常服像

　　康熙朝之后，清政权逐渐稳定，经济也得到一定的发展。文化生活繁荣，宫廷生活逐渐开始起变化。在清宫内，典章制度、宫廷礼仪已趋完备，宫中女子各具名分，首先在美容化妆、衣冠服饰方面开始变化。《雍正十二美人图》中的女子们虽属于行乐中，面部化妆各随己意，但从每幅图轴人物眉毛来看，又细又长，形如弯月。据测可能是将自生的眉毛剃去之后描的黛眉。其次点唇，几乎都是"樱桃小口"式的朱唇。脸颊白中透粉，可想是"略施了一点"脂粉。乾隆初年宫廷画家陈枚画的《月漫清游图》，

许后奉案图

也是宫廷女子汉装装饰，面饰化妆一如前述，即是当时宫廷女子化妆的真实写照。

但是宫中女子化妆是有限度的。清入关后，为稳固政权，从政治上联合笼络汉族地主阶级，逐渐接受汉文化教育，推崇孔孟之道，推崇程朱理学。乾隆帝自幼接受汉文化传统教育，并不断地对其子女和宫中后妃进行"三从四德""三纲五常"的思想灌输，并从历史上后妃的贤德事迹中选出十二位最有代表性的女子，命宫廷画家作画，自己题赞，题名为《宫训图》。每年十二月至来年二月张挂在后妃居住的东、西十二宫内，以此要求后妃遵循。十二幅《宫训图》是："燕姞梦兰图""徐妃直谏图""许后奉案图""曹后重农图""樊姬谏猎图""马后练衣图""班姬辞辇图""昭容评诗图""西陵教蚕图""姜后脱簪图""太姒诲子图""婕妤挡熊图"。在封建礼教的束缚下，后妃的行动坐卧、梳妆打扮有一定的准则，要端庄、稳健，不能稍有轻浮，不能标新立异。以梳妆表现女子贤德、温顺、从容、自信。清代前期的帝王有早朝的规定，早朝在卯时开始，宫内后妃也要按时起床，不得睡懒觉。要赶在卯时之前起床，随后进行梳妆打扮。等皇帝早朝后，赴皇帝面前请安。皇帝若晚膳后召某后妃、嫔等人，其人必须梳妆齐备赴召。

清代后妃的化妆

清代前期后妃的化妆没有见过任何记载，只有晚清慈禧太后的化妆曾有人专门写书记录。我们只好从清前、中期的后妃画像中了解她们的化妆情况。前面我们曾提到《孝庄文皇后常服像》着装朴素，化妆简单。而《雍正十二美人图》中所画妃嫔，个个讲究面部化妆，以淡雅为美。

孝贤纯皇后富察氏，乾隆帝为皇子时的正福晋，乾隆皇帝继位后，于乾隆二年十二月立为皇后。孝贤纯皇后尚节俭，平日冠饰不用珠翠，只戴通草绒花。新年时用鹿羔皮缝制荷包进给皇帝，其用意是仿照关外旧制，提醒皇帝不要忘记先辈创业的艰苦精神。可惜她 37 岁时即去世，乾隆帝十分悲痛，直至晚年仍非常怀念，经常夸赞她的美德、贤德。故宫博物院现藏《孝贤纯皇后朝服像》可以看到，孝贤纯皇后眉清目秀，脸上白色透粉，丹唇一点，显得温柔、贤惠、端庄秀美、落落大方。该朝服像虽为影像（死后追忆画像），但也是依据死者面容、神态而绘。

纯妃像

美国华盛顿弗里尔美术馆收藏了一幅清宫廷画家郎世宁所画

《乾隆皇帝与后妃像》，从中可以看到乾隆帝妃嫔的形像。纯妃苏佳氏，为苏召南之女。初侍弘历藩邸，乾隆二十五年四月晋纯惠皇贵妃，当月十九日薨。在画像中，其貌近似皇后，也是淡淡的细而长的双眉，一点朱唇。令妃魏佳氏，即嘉庆帝的生母，比乾隆帝小 16 岁。初入宫为贵人，累晋为皇贵妃。画像绘于乾隆十四年至二十四年之间，其年龄 23 岁到 33 岁，脸形清瘦，眉毛细而长，点朱唇。画像还有嘉妃、舒妃、庆嫔、忻嫔等，化妆相近，点朱唇，描眉毛，眉形有淡浓、粗细长短、弯与略弯的差别，脸颊上轻点胭脂。

可见乾隆时期的后妃面部化妆，没有什么特殊，搽粉涂胭脂，点朱唇，再根据个人的脸形、眼睛而描眉，一般淡妆。与当年戏剧中的角色有很大差别。

道光帝的行乐图中所绘后妃画像，多着重于发式头饰，面部也很清淡，淡淡的胭脂，描着细眉，点朱唇小口。可见清代的宫中后妃，在封建礼教制约之中，为了表现女性高雅、温顺、稳重的美，不矫揉造作，不浓艳姿色。

清末慈禧太后两度垂帘听政，把持政权达半个世纪之久。她的一生追求权欲和享受，对于国家的危亡、人民的痛苦全然不顾。她的生活不同于以往的皇太后、后、妃，因其地位特殊，肆意奢侈靡费，挥霍无度，为所欲为。晚清梳大两把头、大拉翅，穿氅衣、马甲（背心）均由她兴起。据说她十分爱美，每次梳头、化妆到着装完毕要花一两个钟点。

光绪三十年美国女画家卡尔画的《大清国慈禧皇太后》油画像，可窥其容颜。画像时慈禧太后已 70 岁，身穿黄底绣紫藤萝团寿字纹宽袖沿珠边、下摆垂珠穗的时髦大氅衣，颈围蓝地绣福寿约二寸（6 厘米）宽的围巾，右襟头扣绊上佩戴碧玺佩、水晶十八子双喜手串，腰挂带穗绣花荷包，腕带翠镯一付，两手戴钻石、宝石戒指，银和绿玉（翠）指甲套，脚穿缀红绿玻璃花纹的花盆底绣花鞋。头发中分绾髻，戴大拉翅，簪插珠、翠绒花并垂珠穗。一身珠光宝气，异常华丽奢侈。其面部肌肤丰腴、细腻、红润，眉毛较宽、浓重且长，眉梢略挑起而弯折，口染朱唇，大小适中，耳戴珠翠大耳坠。

美　卡尔《大清国慈禧皇太后》油画像

有人对画中的慈禧太后容颜存疑，认为 70 岁的人，面部不应那么丰腴、细腻、红润，连皱纹都没有，这是画家为刻意讨好慈禧而画的。为此我们又查阅了故宫博物院收藏的光绪二十九年、三十年勋龄为慈禧太后拍摄的大量黑白照片和着色照片，照片中的慈禧太后，坐像，腰板笔直，显得很精神。她的着装依旧华丽奢侈，面部肌肤丰满，只有两腮略见松弛，眼圈上略凹、下略松弛下坠，没有明显的皱纹，再加上敷粉、涂胭脂、黛眉、抹唇膏，不见衰老之态。与油画中的慈禧太后相比，没有大的出入，只是画中容颜更丰满一些，显得年纪更小一些。

女子化妆固然黛眉、敷粉、点胭脂，有因脸形而异，而慈禧太后的黛眉较粗而长、敷粉搽胭脂浓且重厚，这都与乾隆时的后妃有所区别。经过化妆后的慈禧太后，显得精明强干，看不到温顺、柔和的感觉。由此开启了晚清宫中后妃化妆的先例，只要能打扮得漂亮，不惜耗费巨额的脂粉钱。

清代后妃的化妆品

自"禹造粉"以来，一直到清代历代女子用粉敷面，经过了一个漫长的历史时期。这期间有铅粉、米粉、益母草粉、茉莉花籽粉、珍珠粉、滑石粉及史书记载的各种配药香粉相继问世，最终芬芳扑鼻的杭州宫粉受到清代后妃的青睐，为面饰化妆增添了无尽的娇柔美色。

我国江南扬州、杭州、苏州等地本是历史上有名的粉黛生产地。宋明以来，宫廷后妃化妆品皆出江南。明代皇宫迁往北京，江南各地脂粉首饰工艺、原料也相继迁入北京。虽北京制粉多为南方配方与原料，但在人们的心目中仍以江南脂

珍珠粉

粉为佳。清乾隆时期，清宫后妃用粉，专门派人到江南采购，或由江南三织造代为购买，称为"宫粉"。除购买宫粉外，还买胭脂、玉容香皂、猪胰子、擦牙散、嫩面粉、双料宫粉、捆头刨花……

此外，清宫后妃还自己配制化妆品。乾嘉时，后妃们每到开花盛季，亲自动手采摘玫瑰花、茉莉花等名花熏蒸成露，加上外国进口的香精调成花露水，专在夏天洗浴时使用。

据载，当时欧洲市场流行的各种化妆品离不开铅，因而人们在大量涂抹之后，皮肤倒是变得白细光滑了，但铅内含的毒性能使人中毒，甚至危及生命。后来，欧洲人认识到自然植物无毒无害，用植物来提炼花露水及植物油，不但可以保护皮肤，还能利用植物挥发油驱除皮肤表面的有害物体。于是16、17世纪欧洲花露水、香水等化妆品盛行。不久，就随着通商贸易船只进口我国，很快被清代后妃所接受，并且十分赏识。

如乾隆四年，广东粤海关一次就贡进宫"西洋各色油一箱，内有丁香油二匣，冰片油一匣，吧喇萨麻油二匣，石花油一匣，花露水一匣"。乾隆三十四年广东粤海关在进贡翠花、洋翠花、珠石翠花、梳篦的同时，又贡进薄荷油、松柏油、丁香油、花露水、花露油、玫瑰油、石花油等。

"丁香油"是久负盛名的名贵香料，原产于印度尼西亚的马鲁古群岛。17世纪马鲁古群岛落入荷兰东印度公司手中后专门经营香料。19世纪丁香又被引种到加勒比海向风群岛中距委内瑞拉很近的格林纳达岛，还有非洲东海岸的奔巴岛和桑给巴尔岛。丁香树通常高三至八米，四季常青，种植四五年之后，便从树枝顶端长出一串串绿色花蕾，成熟时转为红色，要在花蕾含苞欲放时抢收，并及时晒干，再从香味浓郁的干丁香花中提炼名贵的丁香油。世界上丁香油的年产量极少，因而价格昂贵。粤海关将高价购得的丁香油进贡清廷。一部分进乾清宫药房，以便帝后治疗牙疾之用，据说有药到病除的神奇效果。二是用丁香油配制食品香剂。三是供后妃们配制化妆品用。据说只用一滴丁香油，香味即馥郁芬芳，沁人肺腑。并长时间留有幽雅的清香。

除外国进口香精外，北京妙峰山有千亩玫瑰园，也是专为清宫提炼玫

各种西洋香露

瑰油的玫瑰产地。据《北京风物散记》载："妙峰山的玫瑰，枝粗叶茂，花多朵大，一丛就是一座大花塔。千亩园汇成了玫瑰海。每年六月花期，香弥满谷，经月不散……"玫瑰油是高级香精。入食、入药、调制化妆品，味芳香，理气活血。提炼一斤玫瑰油需用 30 斤鲜玫瑰花，故将玫瑰油称作"比黄金还贵重"的香精。

清晚期，慈禧太后用妙峰山的玫瑰花自制化妆品之事在清宫广为流传。

在玫瑰花盛开的季节，妙峰山就要向清宫进贡玫瑰花。宫里开始制造胭脂。这事自始至终要由有经验的老太监监督制造。老太后的精力非常旺盛，对这些事也要亲自过目，所以我们也随着参与了这些事。首先，要选花。标准是要一色朱砂红的。将花一瓣瓣地挑选洗净，然后放在石臼里用汉白玉杵捣成泥，再用纱布过滤。滤出的玫瑰汁纯洁、清净，把花汁注入胭脂缸里浸泡。十多天后，取出隔着玻璃窗晒（免得沾上土）。晒干后，装入小巧的胭脂盒里，使用方便。用的时候，用小手指把温水蘸一滴洒在胭脂上，使胭脂化开就可以涂在脸颊或唇了。

慈禧太后亲自参与制作化妆品的目的，是为了满足自己追求美的欲望。慈禧太后的一生最看重的是"权力和化妆"。她曾对德龄讲："入宫后，宫人以我美，妒忌我，但皆为我所制。"慈禧太后年轻时凭着美貌和化妆赢得了咸丰帝的宠爱，从秀女到贵妃，最终成为圣母皇太后。后来，虽因垂帘听政，政务非常繁忙，但她对化妆仍不掉以轻心，甚至年近古稀，依然风韵犹存，化妆之心不减当年，化妆之术甚是高超。

据记载，慈禧太后每天早上起床后，先梳头后洗面，仅洗面用就有好几种不同香料配制的香水和香肥皂。德龄回忆："慈禧太后喜欢用化妆品，每到年节宫内人送的各种礼物中最喜欢巴黎香水、香粉、香肥皂等。"

五月三日是宫中人送礼的日子（端阳节前），我们（德龄及其母）早就写信到巴黎去定最美丽的法国锦缎、法国最时兴的全套家具，并附有扇子、香水、香粉、肥皂及其他种种化妆品。因为我们摸熟了太后的脾气，知道她喜欢这些东西。

新年里各总督和大官都要送太后礼物……皇后和宫妃们过年都有礼物送给太后，大都是自己动手制的东西，如鞋子、手帕、衣领、袋等。我母亲、妹妹和我送的是我们从巴黎带

铜镀金架外国香水瓶

铜镀金粉盒

来的镜子、香水、肥皂和各种化妆品。太后看了很是喜欢，她是
极爱虚荣的。

慈禧太后自己曾说："我很爱打扮，也喜欢看别人打扮得好看。小姑娘
们打扮得美丽，我看了觉得高兴，于是也希望自己能变得年轻。"她对身
边的女官、宫女也要求得很严格，就连护肤化妆都亲自过问。德龄、容龄
姐妹俩不甚喜欢脂粉化妆。慈禧太后见了，就取笑她俩说："你们脸上总
不肯多用些粉，人家还以为你们是寡妇呢！"待姐妹俩重新化妆来见时，
她又打趣道："假如你们嫌粉太贵，我替你们买些好了。"

在《宫女谈往录》中，据慈禧太后晚年的侍寝宫女回忆：

宫里头讲究的是珠圆玉润，可以说是美的标准，并不是大红
大绿。宫廷风度，无论皮肤或穿戴的，都要由里往外透着柔和滋润。

就说敷粉吧，后妃们白天脸上只是轻轻地施一层粉，是为了保护皮肤，到了晚上，临睡觉前，要大量的敷粉，不仅仅是脸，而且是脖子、前胸、手臂等要均匀地敷到。时常长了，皮肤白嫩细腻，像鸡蛋白一样光滑、滋润。

老宫女强调"这叫吃得住粉"，使皮肤与粉融为一体。如果不是这样保养皮肤，只在白天敷粉，粉盖不住肤色，浮在脸上。尤其脖子与脸界线明显突出，宫里称这样（化妆）叫"狗屎下霜"。在宫内，年轻女子脸上敷粉要略带红色。年老女眷与寡妇施白粉，宫中称之为"清水脸儿"。慈禧太后自27岁守寡，应该打扮成寡妇的模样；但她爱美心切，她愿意自己像年轻人那样装饰，祖训宫规又不能超越，故她的化妆要恰如其分才好。于是她专心在培养皮肤白嫩、细腻上下工夫，不仅注重皮肤表面的变化，还注重饮食、营养、保健等方面的内在保养。

营养美

第二章　营养美

我国美容化妆自战国开始用"粉敷面""黛画眉"后，便揭开了以益其美的序幕，历朝的化妆技术和化妆品呈现出五彩缤纷的世界。"彼郑国之女，粉白黛黑，立于衢间，非知而见之者以为神。"稍后，用红色搽面或于眉心、酒窝等处点绘图案。实际生活给人以启迪，不同的颜色涂之于面可以使人的面部得到神奇的变化。苍白的变得红润，多皱的变得光洁，灰暗的变得明亮，单调的变得丰富，平庸的变得神气，不合比例的变得端正。化妆品相继出现，香粉、黛石、胭脂、唇膏、香水、花露油……这是一个历史时期一个民族物质文化和精神文化的综合反映。但是无论是浓妆艳抹还是略施粉黛，只能使容颜得一时的滋润，要想永久保持皮肤光洁秀美、青春常在，还须要调养肌肤、营养健身。

清代经济和文化的发展，为化妆品和化妆术的发展提供了便利。就后妃化妆而言，清代后妃们在历代流传的化妆技巧的基础上，又融合本民族营养肌肤的成分，将女性化妆推向一个新的高度。

养　颜

在人们的交往中，第一印象总是从面容上得出的。面色红润、皮肤细腻并有光泽、富弹性，给人以健康美的印象。相反，一个人如果五官端正，却皮肤粗糙、面颊肌肉松弛、眼睑下垂、面黄肌瘦，或者生有痤疮、粉刺、雀斑，就大大影响了容貌。即使使用化妆品来修饰、弥补缺陷，也难以奏效。中医历来认为，人体是一个统一的整体，影响面容的健康，病变在表，其根源在里。人体的种种不适，都与气血、脏腑、经络有关，而气血、脏腑、经络的调整又必须依靠人体摄入足够的营养。因此养颜润面，离不开药物与食物营养。

女性养颜的曲折历史

我国传统的化妆品，基本上有两大类，一类是化学合成型，一类是植物提取型。战国时期屈原的学生婵娟身系香袋，里边装的就是铅制的香粉。粉是铅经过严密化学处理后产生的，白润细腻，可以久藏。研成粉面，加上香料即成铅粉。铅粉有毒，长期使用对人体有慢性损害。

16世纪，欧洲女子将终生未嫁的英国女王伊丽莎白作为美貌的偶像，争相效法她的头发、眉毛和白嫩的面容。当她们使用白粉把脸擦白，在达到追求的效果的同时，化妆品之中的有害物——铅，严重地毒害了她们的皮肤，表层皮肤大量脱落，以至铅中毒而死。这些惨痛的教训，使众多的美容化妆者纷纷求助于医学，希望得到一张健康、充满生机的容貌。

植物型的化妆品，早在我国春秋战国之际就已出现，东汉时期成书的《神农本草经》中，曾记述多种药物具有美容的功效。如白芷"长肌肤、润泽颜色，可作面脂"；白僵蚕，能"灭黑黠，令人面色好"。天然植物药物型的美容化妆品的问世，把营养美容提高到一个新水平。女子化妆从单纯地追求貌美上升到以营养面容为主，可以说是化妆美容史上的一个飞跃。

唐代大医学家孙思邈编撰《千金要方》明确地提出了治疗雀斑、面疮、润泽肌肤的美容方80余方，为药物医治营养美容奠定了基础，使营养美容广泛发展。唐代武则天炼益母草泽面，细嫩滋润白如玉，到80多岁高龄仍保持美的容貌。她的女儿太平公主，用桃花粉与乌鸡血调和涂面，颜色红润，皮肤光洁。到宋明时期，由于对前代的药物美容方不断积累补充和收集，美容化妆术又不断提高。宋代陈直的《养老奉亲书》中对老年人的健美美容作了详细的论述。明李时珍《本草纲目》记载了700多个既是食物又是药物

唐 张萱绘、近人临摹《武后行从图》

的营养肌肤、养颜美容的医方，因人因时因地使用，随心应手。特别是不同程度地保存的历代宫廷秘方，是后代化妆美容所借鉴的有效验方，沿袭至今仍被使用。

清宫后妃的养颜、化妆

清代宫廷后妃化妆是历代之集大成者。她们在各代养颜植物的基础上，又加上饮食营养，成为既有外在营养又有内在调理的养颜方。所用的化妆品，既有国内产品自制的，又有欧洲等国进口的。至于食物调理，则与本民族传统饮食习俗密切相关。

爱美是人的天性，对于美的渴求之心，莫过于长年生活在深宫皇苑的女子们了。宫廷上至皇后下到宫女，从被选进宫的那一天起，就把命运与"美"连在一起。

康熙初年，其祖母孝庄皇太后就为清宫后妃、女子的衣着化妆立下严

乾隆后妃像

格的制度，后妃化装要得体，衣着首饰有等级，面容化妆如清水出芙蓉，天然去雕饰，个个都应像宝石、玉器一样由里往外透着润泽。宫女平时不许涂脂抹粉、打扮妖艳。为了拥有光洁的皮肤，只许晚上搽粉，白天须要洗掉，侍候皇后及各宫主位，不能喧宾夺主。总而言之，一句话，宫廷里的人要有宫廷气派。何为宫廷气派呢？就是清宫后妃的打扮，时时要受封建的礼教约束，言谈举止，矜持典雅，行动坐卧有节含蓄，仪表修饰要遵制，更要与自己的身份等级相辅相成。

清宫内的一切都以皇帝为轴心而转动，皇后、妃嫔如众星拱月一样分布在皇帝左右，因而后妃除了要忠诚、温柔、体贴、善解人意外，还应具备雍容大度的仪表，妇德要纯情，妇容要像春天永驻，这样带给皇帝的永远是一片春意盎然、如花似玉的自然美。因此，清宫后妃化妆讲究内在美与外在美的统一。外在美是靠内在因素滋养才会发光，美好的精神内涵自然外化。其化妆讲求气质高雅，并有一套系列化、规范化的化妆方法。

清宫后妃以滋养皮肤为主，化淡妆。使用的化妆品，分为化妆与护肤两种。化妆品包括香粉、胭脂、唇膏、黛石等。护肤品则包括香水、花露油等。关于美容化妆品的配制与使用前面已经谈及，在此不赘述。

清宫几种营养化妆品的使用功效

清宫后妃春秋两季用苏杭（苏州、杭州）产的宫粉敷面，秦淮（南京、扬州）的胭脂涂腮、点唇，这两种化妆品都是用自然植物加中药和少量铅白粉配制而成。史载，苏州是名花的故乡，苏州人养花、戴花、食花，将花制成各种化妆品，使用之后飘逸着一种大自然的植物清香，且无毒、无害、无副作用。扬州、南京等地出世美女，制作、使用化妆品有着悠久的历史。该地调制的胭脂色如芙蓉，无比柔和，看上去若有若无与肤色浑然一体。

夏季天气湿热，体表水分流失，新陈代谢较快，清宫后妃使用的化妆品多用清爽润肤的香水、花露水。花露水用玉兰花、玫瑰花、茉莉花蒸馏成露，再加上香精，以增加香味。乾隆年间，英、法等国经广东粤海关向清宫贡进许多丁香油、檀香油、玫瑰油等天然香料，不仅有植物的特殊香气，还有很强的杀菌力。清宫后妃不仅用香精配制化妆品，还用香精水洗浴，能留下持久的幽香。

到了冬天，北方空气干燥，皮肤表层需要水分保护。后妃们便以唇膏、面霜代替宫粉胭脂。唇膏属油脂化妆品，涂在口唇上能起到滋润柔和的作用。面霜呈稠糊状，制作原料与香粉类同，并可用白蜜调成油性、水性两种。油性适于干性皮肤，水性适于油性皮肤。

铜蒸馏器

慈禧太后的化妆、养颜

清宫后妃选用营养护肤化妆品，还因人而异，视每个人的具体情况，配制中药成分的化妆品。因病而施，有疾治病，无疾养颜。慈禧太后一生极爱美，以美受宠。但美中不足的是，自年轻时起常患面部痉挛症，"面部左侧自眼以下连颧肌肉时作跳动"，经御医医治总不见效，时有反复，慈禧太后大为伤心。光绪六年，御医李德立、庄守和等参考金宫中洗面用的"八白散"配方为其配制"玉容散"。八白散即为八种中草药——白丁香、白僵蚕、白牵牛、白蒺藜、白芨、白芷、白附子、白茯苓，共研为细末，洗面，"日用面如玉润"。因八味药第一字都是白字，故称"八白散"。慈禧太后使用的"玉容散"，由八白散中的六白——白芷、白牵牛、白丁香、白僵蚕、白芨、白附子，又加上白莲蕊、鹰条白、鸽条白、防风、甘松、三奈、白敛、檀香等八味药，共研细末，用水调浓。用时搓搓面颊良久，再用热水洗净，每日二至三次。

"玉容散"方中白芨、白芷均为美容良药。《神农本草经》明确地指出它能"润泽颜色，可作面脂"。白牵牛、甘松、檀香、三奈芳香宜人，专治气血失于流畅所导致的疾病。白附子与白僵蚕具有祛风之功，能疏散内侵邪风，能除面上的百病。白丁香是麻雀屎，鹰条白、鸽条白则为雄鹰、鸽的屎，均有化积消翳作用和防皱灭痕功能。防风能疏散内侵邪风。玉容散方集治病、美容、营养于一体，有效地祛除了慈禧太后面部风邪，又使皮肤得到滋养，使其白嫩、细腻、柔滑而富有弹性。

慈禧太后使用之后，病情得到缓解。她见此药确有奇效，便下谕旨，重赏御医，并将玉容散长期使用，成为她终身的化妆品。传闻慈禧一日三次梳洗化妆，可能就是涂玉容散。又传闻慈禧使用国外高级化妆品养颜，不过是人云亦云附会而已。

慈禧太后对我国传统的中医中药十分迷信。她曾说："中国药都是以草根树皮做成的，而且我能从书上明明白白地查出什么病吃什么药，也知道他们（指御医）开的方子对不对。"除玉容散外，慈禧太后使用护肤化妆品还有"祛风润面散""疤子方"等，利用中药治病健身养容，可谓深得"老佛爷"之心。

慈禧太后每日卯初（早五点）起床，辰正（早八点）早朝，在这近两个时辰中（约三个多小时），梳洗要占去很长时间。对这一点，她曾对德龄说："你一定很奇怪像我这么大年纪了，居然还花这许多时间和精神打扮自己。"这是因为慈禧想变得年轻。

瓷研药钵

如何才能变得年轻？慈禧太后除化妆外，还极注重皮肤的保养。皮肤与外界接触时间长，容易沾染脏物，再加上皮肤分泌的皮脂及排出的汗液混在一起，形成污垢，不及时地把污垢洗掉，不仅影响美容，还会堵塞汗腺，妨碍皮肤的正常新陈代谢，使皮肤变粗糙衰老。清宫御医在后妃使用的香肥皂中加进入若干中药，制成了具有洗涤去垢、滋养皮肤与保健止痒三种功效的"加味香肥皂"，备受后妃们青睐。不仅慈禧太后使用，光绪皇帝也使用，洗脸沐浴，还把加味香肥皂赏赐给心腹重臣和宫中女子。

我国使用肥皂的历史很悠久，早就用植物皂荚、猪胰子和天然碱捣成块，作洗涤之用，民间称之为"胰子"。

清宫配制的香肥皂，是在传统配方的基础上，加进一些中药和香料。宫廷后妃们使用后能除油祛污、嫩面养容，还留有香气，故称"加味香肥皂"。为别于前，加味香肥皂一般制成颗粒状，一次数粒，使用十分方便。

在故宫博物院藏《老佛爷用药底簿》中记载了这种香肥皂的配方：

> 松香三斤、木香九两六钱、丁香九两六钱、花瓣九两六钱、排草九两六钱、广零九两六钱、皂角四斤、甘松四两六钱、白莲蕊四两六钱、山柰四两八钱、白僵蚕四两八钱、麝香八钱、冰片一两五钱配制。配制方法：将上述药研成细面，用红糖水合成小（锭），每锭重二钱。

慈禧太后养颜护肤还有一种面部按摩器——太平车。太平车由玉、玛瑙、金、石等高贵材料制成，呈丁字形，横头是滚子，中有一长柄，滚子在脸上穴位来回滚动，可以促进面部血液循环，使皮肤里的毛细血管扩张，增进新陈代谢。此外，用太平车按摩面部还能调整面部神经，解除肌肉痉挛，消除疲劳。古人认为，玉磨面润泽光滑，除奸灭瘢。清吴谦等撰《外科心法要诀》中提到皮肤黧黑斑，"由忧思抑郁，血弱不华，火燥结滞而生于面上，妇女多有之。宜以玉容散早晚洗之，常用美玉磨之，久久渐退而愈"。慈禧太后用香肥皂洗面，再搽玉容散，平时用太平车按摩面部，久而久之，

清宫按摩器

养颜驻颜效果甚佳。

　　按理说，人到老年脸上出现一些皱纹是正常现象，可是慈禧太后却容不下细细的皱纹。据传，御医们听到慈禧太后为自己脸上的皱纹恼怒万分，个个翻阅医书药典，心怀忐忑地寻找古代美容医方。御医张仲元查到南朝陈后主张贵妃使用的一个美容秘方，献给慈禧太后。此方是，用鸡蛋一枚，磕一小孔留清去黄。在蛋内装入朱砂细末，然后用蜡将小孔封住。随同其他待孵的鸡蛋一样放到鸡窝里，让母鸡孵化。等小鸡孵出壳时，将朱砂蛋取出，磕皮取药涂于面上，可使面容白里透红光滑润泽。鸡蛋清涂面，"令人悦色"；朱砂单用"益精神、悦泽人面"，两者配合，相得益彰。据说此方最早来自于传说中的西王母《枕中方》。后经南朝陈后主张贵妃试用，效果亦佳。流传到明朝以后又作了一些改进，将朱砂改为金银花胭脂或硇砂。涂在脸上，红艳美丽，久洗不退颜色，有"半年红"之美称。

清代后妃使用此方美容，仍用蛋清、朱砂。光绪二十六年四月至五月，正是春季鸡孵蛋的时候，慈禧太后储秀宫内的宫女翠喜与张妈先后从寿药房拿走配面药用朱砂一斤七两五钱。从这惊人的数字，可见慈禧太后使用面药化妆品的数量之惊人。

宫藏朱砂

慈禧太后养颜除外治用方外，还内服滋补药品。人参和珍珠就是她常服之药。她每日都噙化人参。《神农本草经》云："人参气味甘。微寒无毒。主补五脏。安精神。定魂魄。止惊悸。除邪气。明目开心益智。久服轻身延年。"久服人参可以达到一般药物达不到的效果。慈禧太后十天服一次珍珠粉。"珍珠粉这东西的分量是很重的。它的功效纯粹在皮肤上透露，可以使人的皮肤永远柔滑有光，年老的人可以和年轻人一般无二。"

食用营养与养颜

清宫后妃不仅注重面部营养化妆品，更对内在营养美容颇有研究。内在营养即入口经消化系统摄取营养素，提供肌体发育，调理生理机能，促进新陈代谢，食物营养与化妆相比，较之更直接，更有益于养颜、健康和美容。

猪肉、猪皮、猪蹄

清宫后妃的食用营养来源于本民族的传统饮食习俗。一个民族的饮食习俗与传统，为所居环境所决定。食能伤身，食也能养人。只要食物合理搭配，就有合理的营养成分被肌体吸收。满族先祖自15世纪由游猎民族逐渐转变为农业定居后，养猪便成了农业以外的首要副业，同时把养猪与食猪肉多寡当做衡量贫富的标准。这样在饮食生活中，就形成了食猪肉的传统，从而也大大促进了猪肉烹饪的技术。从味美到营养健身，积累了丰富的经验，形成了独到的美食。如清代传统的烤乳猪、煮白肉、酱猪爪、红扒肘子、

坤宁宫煮福肉锅灶

干炸丸子等，传至今日名扬海外，影响颇深。

重视美容的清宫后妃对食猪肉菜肴亦有一定的偏爱，每日早晚两顿正餐，都以猪肉为主要菜肴食材。其中食福肉最为常见。乾隆帝的母亲孝圣皇太后，自年轻时，吃斋念佛，以素食为主，但唯独爱吃煮白肉。满族萨满教每日朝夕二祭，用神猪两口，在坤宁宫内大锅煮肉。祭祀后众人分吃，称为"分福肉"，寓意神祖降福众人。煮福肉用清水，不加佐料，肉熟后清香四溢，吃时切成片，蘸盐水食之，酥软可口。白水煮肉，无任何色素，对光洁皮肤、养颜美容亦有功效。另外白煮猪肉，不加盐酱，蛋白质和维生素得以充分保留，脂肪却与肉分溶于汤中；吃起来清香并不觉得腻口，久而久之，煮白肉便成了清宫后妃普遍喜爱的食品了。

清宫后妃还十分喜食猪皮。据说，这种菜肴也是满族先祖的创造发明。传统的猪皮做法很简单，将猪皮熬成浓汁，再配以各种原料，制成半透明的凉菜。清宫后妃吃猪皮，讲究可多了。据《御膳房》档案记载，白煮肉皮冻，称为"水晶"，再加佐料的叫做"红冻"。此外，还在冻汁里加入虾片、鱼片、鸡块等，制成花冻、彩冻、虎皮冻等，光泽悦目，晶莹透亮，使人食欲倍增。清晚期，慈禧太后最爱吃"炸猪肉皮"这道菜，因这道菜先煮后炸，吃起来"脆响"，慈禧太后特赐名"炸响铃"。猪皮肉含有丰富的猪皮胶，具有滋阴补阳、强筋壮骨、补精益血等营养功效。猪皮中的胶原蛋白还是补充合成蛋白的原料，便于吸收和利用，对滋润皮肤、光泽头发，功效十分显著。清代后妃乃至满族妇女皮肤较好、面容白细，与她们常食猪肉、猪皮有很大的关系。当然这些营养肌肤、面容的美容知识是近代科学家发现后，才认识到它的医学价值。而生活在清代的清宫后妃们并不知道其中的奥秘，完全是他们生活习惯中的偶然。

孝圣皇太后喜食猪爪（蹄），每次乾隆帝陪同母亲用膳，总要添上"烧猪爪"一品。猪蹄含有大量胶素蛋白质，这种蛋白质是生长皮肤细胞的主要营养成分，能促使皮肤增强弹性、润泽、丰满，从而减少皱纹，显得年轻。此外猪蹄还含有钙、镁、磷、铁及多种维生素，对皮肤有滋养作用。猪蹄中的肉、筋嚼起来比较费劲，可以锻炼咀嚼肌和面肌，使两颊长得丰满匀称。从健美面肌来讲，吃猪蹄在养颜方面有一定的作用。这些美容知识，乾隆时期的人是不可能知道的。孝圣皇太后喜食猪蹄不过是因其筋道、好吃、有嚼头。无意之中起到了美容的效果，真是历史的巧合。难怪孝圣皇太后86岁高龄逝去时，面容、肤发、牙齿都还好呢，这与她平时的饮食习惯有直接的原因。

牛奶

牛奶的营养丰富，味道鲜美，但对人的肌肤、身体健康有益，是后人发现的。然而在科学不发达的古人眼里，奶是神圣的，是用来祭祀祖宗或神的祭品，只有神灵才能享用。唐代杨贵妃用牛奶洗浴，润面养肤，已经有悖于古人。但使流传于古代的祭祀品上升到营养品，这是认识上的一个飞跃。明代大医学家李时珍在《本草纲目》中曾记载牛、白羊酥，"益虚劳，润脏腑，泽肌肤，和血脉"。《红楼梦》第十九回中叙述了元妃省亲贾府，赐给宝玉糖蒸酥酪即奶酪，可见宫廷奶制品十分盛行并流入民间。清代徐珂在《清稗类钞》一书中也记载了宫廷乳品类小吃。清代后妃食牛奶也是其传统生活的沿袭。长年从事牧业生产的满族养牛取牛奶不过是生活所需。

清宫后妃食用牛奶不仅量大，花样还多。常饮的有奶茶，每日早晚两膳都要有奶皮子、奶子、湿点心、奶渣子、奶子饽饽、奶果卷等主食。应时令节御茶膳房还以牛奶和面，制作各种应节食品：正月十五奶子元宵，五月端阳奶子心粽子，八月中秋奶子月饼，九九重阳节奶子花糕。清宫传统的奶油萨琪玛是后妃们十分喜食的奶食点心，制作这种点心，用牛奶和面，搓条后上锅炸，再浇上蜂蜜，奶香四溢、香甜适口。萨琪玛是满语译音，意为油炸奶油细条饽饽。

清宫后妃用牛奶，取之于专门为宫廷牧养牛羊的庆丰司。按后妃不同的身份、等级享受不同的牛奶口份。皇后每日得奶 10 斤，皇贵妃 8 斤，妃 6 斤，嫔 4 斤，贵人以下没有定例，随各宫主位分例。虽然牛奶每人有一份，但牛奶的数量远不止于此。每日皇帝用膳毕，总要将一部分菜肴点心分赐众人。往往菜肴赏给大臣，饽饽点心赏给后妃。其中"奶子饽饽"最多。清宫中祭祀、筵宴必有鲜奶制成的奶酪、奶卷、奶皮子饽饽，乾隆年间，曾在颐和园的前身——清漪园内有一奶酪膳房，专做奶子席，花色品种最多达 108 种，全部用牛奶、奶油、奶豆腐等制成，是清代满洲风味中最高级别的筵席。据说，当时皇帝带着后妃一行人马居住在三山五园时，圆明园、畅春园、静明园、静宜园的奶制品都是由这里供应。

豆类

我国东北盛产黄豆、绿豆、豌豆、赤豆，自古以来豆类及豆制品都在东北各民族饮食生活中占重要位置。清代满族及其先祖以豆入馔，豆面饽饽、豆面剪子股饽饽、豆面卷子、豆腐、扁豆、豆粥等都是他们的传统饮食。清宫帝后饮食沿袭本民族传统，虽然每日山珍海味，鸡、鸭、鱼、肉，然而对于豆类的主食、副食、佐餐小菜等也十分垂青。

据乾隆三十四年编纂的《国朝宫史》载后妃膳食份例，每日主食 9 种，豆腐、豌豆就有 2 种，副食 19 种，其中豆腐、豆皮、豆芽占 3 种，佐料 15 种，豆瓣、豆酱、豆豉占 3 种。

孝圣皇太后笃信神佛，经常以素食为膳。每年四月初八佛诞日，清宫上自皇帝下至宫女、太监不仅一律食素，并吃结缘豆。在这一天，孝圣皇太后亲自下厨房煮结缘豆1万颗，选青豆3333粒，菜豆3333颗，黄豆3334颗，分装3个白布袋，同锅煮熟，赠与人吃，凡是吃到她煮的豆可结有人缘。被赠的人要食100粒豆，其中青豆33颗，菜豆33颗，黄豆34颗。吃时还要佐以腌春不老、腌胡萝卜、腌苤蓝、腌豆角等满族传统小菜。

乾隆三十年十二月初七日，即佛祖成道之日腊八的前一天，孝圣皇太后在北海岸边的庆霄楼用早膳，摆的是素膳一桌：热锅二品，粥、菜九样装西洋热锅一品，菜四样，蒸食炉食各四品。素菜用料为冬菇、木耳、胡萝卜、白菜、香蕈、菠菜、豆腐、豆腐干、绿豆粉（粉丝）、葱、姜、蒜等，饽饽用料是白面、粳米面、青豆面、豌豆面、芝麻盐、澄沙、高粱米面、白糖、香油等。孝圣皇太后还极爱食豆类汤、粥，冬季常食豆腐汤，夏季则以绿豆粥为常食。乾隆四十二年正月十五，一向甚少生病的孝圣皇太后，因数日观灯看烟火，身体劳累染上风寒，当晚就逝去了，享年86岁。据说死时她

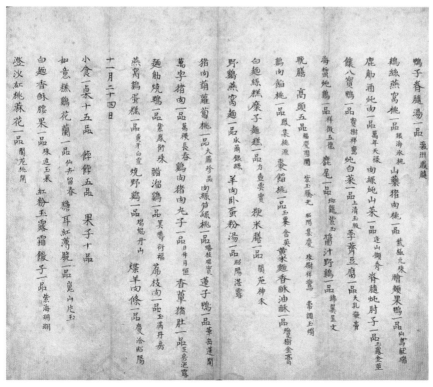

孝圣皇太后五十大寿膳单

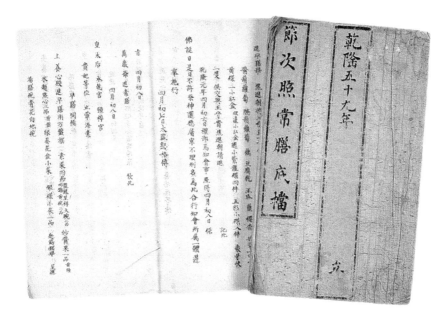

乾隆朝节次照常膳底档

面部红润，头发乌黑，很可能与其长期食豆类食品有关。

　　此外，就是不善食素的后妃们，每日主、副食，佐料等也能吃到相当数量的豆类食品，如以豆腐为主料的菜肴中就有火熏白菜豆腐、厢子豆腐、肥鸡豆腐脍三鲜豆腐、鸭丁豆腐、卤虾油炖豆腐、盐水豆腐脍红白豆腐、锅塌豆腐、豆豉豆腐、羊肉豆腐、菠菜拌豆腐、小葱拌豆腐、拌干豆腐片、豆腐泡、猪肉炖冻豆腐等十几种。

　　帝后不仅在宫内尽情享受豆腐菜肴，外出巡视也要一饱豆腐口福。乾隆三十年正月十六日至四月二十日，乾隆帝携母带后与妃嫔们游幸江南，随行带日常膳食，还带大批厨师。其中大部分都有专长，如饽饽厨子、膳房厨子、豆腐厨子、酒醋匠、酿酒匠等，除随营备膳外，还为帝后选择适口的豆腐菜肴，以满足他们的口福。《江南节次照常膳》载有万年青酒炖猪肉豆腐、燕窝熏煨豆腐、什锦豆腐、鸭子豆腐汤等菜品。不但皇帝自己吃，还将这些豆腐菜肴赏给妃嫔们食用。如正月二十日赏舒妃肥鸡豆腐一品。

二月十六日，乾隆帝一行在天宁寺行宫用膳，地方官府进燕窝肥鸡、燕窝火熏煨豆腐一品、春笋炖鸡等菜肴。乾隆帝将这些菜肴原封不动地赏给皇后妃嫔和王公大臣，其中将燕窝火熏煨豆腐赏给令贵妃。在南巡北返途中行水路在船上进膳。四月初八日依旧食素膳，乾隆帝传旨，"明日止荤添素"。皇帝的早膳是：素杂烩一品，口蘑炖面筋、水笋丝豆瓣炖豆腐……食毕将豆瓣炖豆腐赏给庆妃，晚膳又将蘑菇人参炖豆腐赏给贵妃，王瓜拌豆腐赏给白常在……

古人称豆腐是"植物中之肉料，有肉料之功无肉料之毒"。豆类食品是素食之冠。现代科学研究表明：豆类含有丰富的蛋白质和植物脂肪，而植物脂肪中的主要成分亚油酸，是理想的肌肤美容剂，人体内如缺乏亚油酸，皮肤就会干燥，鳞屑肥厚，生长迟缓，故亚油酸又有美肌酸之称。芝麻、黄豆、葵花籽以及花生中所含丰富的维生素 E，不仅能预防皮肤干燥，而且能增强皮肤对湿疹疥疮的抵抗力。常吃芝麻、黄豆的人，大多容光焕发。

当然，清宫后妃喜食豆腐，对于其中的营养与美容功效不可能有足够的认识。除有崇佛心理外，还因豆腐松软适口易于消化，久食豆制食品，大有裨益，这是从膳单中可以得到佐证的。

花、花粉

食英，英即花，食英就是以植物盛开的鲜花烹入肴馔。在清代后妃营养美容的饮食中，可入食的花多种多样。早在满族的先祖女真人时代，就已经将野生的白芍药花嫩芽与面粉拌和蒸食，味道甚美。同时榆树钱、槐树花也如法炮制成为满族传统的美味佳肴，品尝鲜香。清入关后，在生活方式、饮食习俗上逐渐汉化，但食英习俗却历代相传，并根据四时季节不同，采集各种植物鲜花，直接入馔或制作饮料。清宫后妃常食的花馔有：榆钱、玫瑰、荷花、桂花、菊花等等。

榆钱：早春二月，榆树发芽，一串串淡绿色的榆树钱鲜嫩诱人。榆钱可入药，性微辛，助肺气。春天吃上一顿榆钱糕，有益于身体健康。清代后妃每到春季，总要食几餐榆钱糕或榆钱饼。其制法是，将榆钱洗净，与面合拌，上笼蒸熟或制成圆饼烙着吃。

玫瑰：玫瑰以其艳丽的花朵和浓郁的香气为人们所喜爱。清代宫廷膳房善用鲜花制玫瑰饼。传统做法是将玫瑰花摘下洗净，将脂油切成细碎丁，然后将花与脂油，拌上白糖腌制，腌透以后，包馅做"玫瑰饼""玫瑰方脯"等。在玫瑰盛开的时候，还采集玫瑰花做酱、酿酒、做玫瑰露，随吃随取用。清代后妃夏天常饮玫瑰露，因其具有理气、活血的功效。据传，常吃玫瑰的人面如桃花容，颜色姣美。

荷花：荷花、荷叶、莲子、莲藕都是对人体十分有益的滋补佳品。清代在紫禁城外护城河、北海、中南海、什刹海、后海及颐和园等皇家花园，都种有荷花，因此宫廷中采莲摘花十分方便。荷花既是欣赏植物，还有多种用途。荷花的花蕊是制造莲花白酒的原料。据《坚瓠集》："正德间，朝廷开设酒馆，酒望云：本店发卖四时荷花高酒。犹南人言莲花白酒也。"莲花白酒在明代即为宫廷美酒。酒以采集荷花花蕊制成，有药用功效，也是

荷叶茂盛的紫禁城护城河

清代宫中的名酒，如今传统的宫廷莲花白酒已名扬世界。

莲子、藕节、荷叶均可入药。藕节：性平、味涩，功能是收敛止血，主治吐血、鼻出血、便血等症。莲子：性平、味涩，功能可补脾养心、固精，主治脾虚泄泻、遗精、带下等症。荷叶：性平、味苦，功能清热解暑，主治暑热泄泻、头昏及各种出血等症。

藕能生食，也能用糖渍或做成蜜饯为小食，还能做糕点、菜肴或制成藕粉。夏日荷花以绿叶相衬，使人看了赏心悦目。食荷叶粥可以清暑，荷叶还能入馔，做成菜肴，十分清香可口。

桂花：将鲜桂花采下用糖、蜂蜜腌渍成桂花酱，是清宫后妃日常饮食中不可缺少的佐料。夏季后妃们饮酸梅汤，是用乌梅、白糖、桂花泡制成，具有清凉解毒、降暑的特殊作用。后妃平日饮食中的饽饽，多以甜味为主。在饽饽的馅心中，澄沙馅、枣泥馅、果料馅等都要加入桂花酱。后妃们食之不仅增加食欲，还可食入鲜花与花粉，对养颜护肤十分有益。

菊花：秋天食菊花是清代后妃的节令食品。乾隆年间，九九重阳节时宫中除举行筵宴，还到景山登高，饮菊花酒。《神农本草经》中载，菊花"久服利血气，轻身耐老延年"。慈禧太后非常注意养生，中药知识丰富，对菊花的妙处自然了解很多，对其营养价值更是了然于胸。

慈禧太后秋季最喜食菊花锅。据德龄撰《御香缥缈录》载：慈禧太后吃菊花锅，用的是燃酒精的火锅。锅内预先盛上鸭汤，待锅开后，挟起捆好的菊花瓣投向火锅，盖上锅盖。待锅中沸开后，就可进食了。食菊花早被我们祖先所熟知，既当食物又当药。

食鲜花，也将花粉一起食用，是一种传统的习惯。除上述以外，

银错金万寿字火锅

还有月季花、槐树花、玉兰花等都能食用。据现代科学研究，花与花粉中所含的糖、氨基酸比一般植物营养成分高得多。其他如蛋白质、维生素、酶类也很多。花与花粉具有强身健体、增长精神、消除疲劳、美容、抗衰老等作用。清宫后妃食花、花粉，无疑可以起到美颜健体的作用。

蜂蜜与甜食

食甜食是满族旧俗。早在 14 世纪时，建州女真定居苏子河流域，养蜂酿蜜就是他们的经济来源之一。起初，女真人见黏稠的蜂蜜有一股特殊的清香，十分诱人，就将蒸熟的面食粘饽饽蘸着吃，直接食用。后来又用蜂蜜烧烤肉类或腌渍吃不完的水果，果然色味俱佳。蜂蜜的广泛使用促进了蜂蜜的生产，女真人不仅自己食用还向明王朝纳"蜜贡"。因此女真人喜食蜂蜜的习俗是与他们生活环境和传统习惯有关的。以至历代沿袭，流传甚广，成为清代宫廷后妃喜食甜食的根源。

清宫后妃喜食甜食一是表现在主食，二是零食。后妃们的膳食以肉类食品为菜肴，各种饽饽为主要食品，饽饽有咸的、甜的，甜的居多。清初，孝庄太后早膳时就有螺丝糕、盆糕、澄沙饽饽、豌豆饽饽、蜜花、炉食等 7 种。早晚膳之间还有克食，也是各种甜饽饽等小食品及甜粥、甜酱等。皇后、妃嫔过生日，皇帝要赏饽饽桌。皇子娶妻有饽饽桌。公主下嫁，皇帝以 60 张饽饽桌做聘礼与陪嫁。就连王公福晋生孩子、洗三，皇宫也要送甜食饽饽上门表示祝贺。清宫最高等级的筵宴——满汉全席，也是以满洲饽饽汉族大菜组成的，制作各种甜饽饽，都离不开白面、蜂蜜、香油、鸡蛋。其中蜂蜜用量之大非同其他食物所比。

清代后妃喜食蜂蜜蜜饯，也需要使用大量的蜂蜜。蜜饯是满族饮食文化的一大发明。将水果腌渍在蜂蜜中，即可保持水果原味，又能长期贮存，使其不变形状。这也是后妃们茶余饭后的主要小吃。在故宫博物院原状陈列室——反映当年后妃居住的寝宫里，条案、桌几上都设有盛蜜饯和干果的食盒。盒内分为几格，每格盛一种蜜饯食品。因每人的口味不同，所摆的食物也不同。光绪帝一后二妃——隆裕皇后、瑾妃、珍妃口味就不一样，珍妃喜食极甜的糖炻粘子、蜜橘、蜜橄榄；瑾妃爱吃桃脯、杏脯、苹果脯

铜镀金八角食盒

等适中的；而隆裕却喜吃蜜山楂、蜜杏干等酸性的。慈禧太后每到一处，后面要跟着几十个人的长队伍，有端盂的，有搬褟的，有捧衣服的，还有拿食盒的。食盒里干鲜果品，蜜饯糖果，无不俱全。用慈禧太后的话说，吃蜜饯就像梳妆一样，对她十分重要。

　　早在清入关前，就曾在沈阳故宫设有熬蜜房。入关后，后妃们食蜂蜜仍靠东北进贡。乾隆时期，宫中后妃所食的蜜饯食品由全国各地进贡。清宫蜜饯多达两百多种，可称南北荟萃，东西交融。据档案记载：当时宫内设干果房，专门贮存这些蜜饯果脯。其中有西藏的藏杏、藏枣，广西的蜜佛手、蜜丁香，新疆的葡萄干，福建的蜜荔枝、福橘脯，苏州蔷薇酱、糖桂花，安徽的凤梨膏、金橘膏，吉林的蜜饯梨、蜜饯山里红、西洋香糖梨、法制半夏、吕宋香槟……应有尽有，五花八门。由于宫内后妃平时吃蜜饯食品多，体内摄入蜂蜜营养也就多了。这也是她们一个个面容红润、肌肤细腻，从里到外透着滋润的又一原因。

　　除蜜饯食品外，清宫后妃还经常食用植物与硬果制成的糖——松子糖、芝麻糖、花生糖、核桃沾、榛子沾、玫瑰糖、桂花糖等。

按照传统的医理，用食用糖作主料，辅以与食物属性相适应的药物，达到以食代药的效果，使之既有美容养颜的营养价值，又有医疗作用的双重调解功效，因而备受清宫后妃的喜爱。

护　发

人的身体健康与否，头发是最好的验证。一头乌黑油亮、富有弹性的秀发，给人以年轻、健康的印象。头发稀疏、枯黄，过早的花白、脱落，无疑会大大影响容貌和仪表。在我国漫长的美容化妆历史中，美发同样是追求美饰的重要环节。

"身体发肤，受之父母。"早在几千年前的商周时代，无论男女都蓄发、养发。把头发看成是怀念父母、孝敬父母的表示。只有罪人才将头发剃去一部分，既惩罚了他本人，也剥夺了他孝敬父母的权利。中医治病，讲究望、闻、问、切，从头发上看便能知病源所在："胆合膀胱，上荣毛发，风气盛则焦燥，汁竭则枯也。""若血盛则荣于头发，故须发美；若血气衰弱，经脉虚竭，不能荣润，故须发脱落。"肾衰、血虚、血热、头脂过多等病因都与头发有关。随着历史的发展，人重视头发，发明了许多养、护头发的方法，美发也日趋进入了美貌的标准。头发灰白的，可以染发；头发稀少的，用假发代替。我国历代女子美容修饰史，几乎无一不是与发式有关的，然而假发发髻刻板，毫无弹性，终究不如自己的真发美观。因而悠悠几千年，美发、护发始终是一热门话题。

清代满族自其前身——肃慎、靺鞨、女真等时期，就有留辫蓄发的习俗。男、女都以盘髻为美的象征。进入清代后，满族男子剃头留辫，以辫梢长至垂腰、臀为荣；女子则梳发髻以两把头宽大为美。对头发的护理、营养极为重视。清雍正帝曾因须发早白，求助于御医，"乌发第一方"对他十分见效。光绪帝因体瘦羸弱，毛发枯黄，也有过专门的医治御方。除此之外，满族妇女头发浓密、乌黑，想必是护发有方的缘故。那么满族妇女用什么"密方"护发呢？用我们今天国内外科学家对美发护发的研究观点，来探索一下满民族传统的生活方式，可能会有一些发现。

饮食与护发

医学界历来认为"肾之华在发""发为血之余"。而血的来源，离不开食物与营养两大命脉。有专家比喻说，饮食与头发有着"标本兼治"的原则。"本"就是指促使毛发生长强壮的营养物质。世代生活在长白山脉黑龙江流域的满族，在这块富饶的土地上繁衍了一代又一代。在女真时期，"土多林木，田宜麻谷"他们学会了"种植五谷，建造房宇"的本领。到明朝末年，建州女真经过数度迁移，在苏子河流域（今辽宁省新宾县永陵地区）定居之后，广泛地发展农业，土地肥沃，禾谷甚茂。在靠近苏子河流域的灶突山一带，山峦起伏，林木茂盛，是个宜于农耕、盛产山货的好地方。这一时期，女真人的农业、副业发展得很快，菜蔬充盈，芝麻、核桃、松子、榛子连年获得丰收。到努尔哈赤建立后金国时，满族已经具有了得天独厚的经济资源，当时他们的日常主食，有用芝麻作馅蒸饽饽、烙饼，蒸粘饽饽蘸芝麻同食等食物，经济的快速发展使满族的饮食生活逐步形成自己的食品体系，无疑对头发生长、健康、美容都有明显的促进作用

清入关后，帝后住进紫禁城，开始过上了宫廷生活。康、雍、乾三代政治稳定，经济繁荣，全国各地的名贵特产源源不断地贡进宫中，粮蔬瓜果、山珍野味、鱼虾龟鳖应有尽有。但帝后却怀念家乡的风味食品，仍以东北盛产的土特产品为饮食原料，经常食用芝麻、芝麻烧饼、核桃仁、松子仁、茯苓、乌梅等等。

芝麻

芝麻又称脂麻，能榨香油，又能直接食用。芝麻营养丰富，具有很好的食疗效果。据说宋代文豪苏东坡吃饭无定时，加之思虑过度，引起消化不良、食欲减退、健忘失眠、心脾虚弱等病症。大夫为他诊脉之后，开了茯苓单味药方。服用达五剂后，症状大减，体力恢复。苏东坡心中大喜。后来他遇到一位老道士，便以茯苓单方治病而求教。道士对他说："茯苓性燥，应当掺杂胡麻一起服用。"东坡听完，忙问："胡麻是何种物品？"那

十二色釉菊瓣盘

道士又说："胡麻也，乃脂麻。在《神农百草经》中芝麻列为上品，又名巨胜。其品性、功用皆与茯苓同用，可以长寿乌发。"苏东坡听后大喜，随即将那道士的话记录下来。按照老者指点将茯苓与芝麻搭配合食。从此不再健忘失眠，并自感大脑功能增强，头发更是日渐浓密，肌肤滋润。此后芝麻的营养功效逐渐为人们熟识，都将芝麻视为健身、养脑的滋补之品。

芝麻是清代帝后主、副食中不可缺少的佐料。将芝麻炒熟，压成芝麻盐，是清宫帝后用膳时的佐餐小菜。清代后妃用膳，不同的等级身份，有不同的菜肴品种。皇后一餐要摆出十二道菜，每道四盘、碗，共四十八盘、碗菜肴。妃一餐六道，二十四盘、碗。不论多少种菜肴，都要有四五种佐餐小菜。如南小菜、酱小菜、珐琅碟小菜、银葵花盒小菜等。孝圣皇太后的佐餐小菜通常是春不老、酱苤蓝、腌豆角、芝麻盐、酱疙瘩等。芝麻盐作小菜极适合年老齿衰的人食用，营养丰富又便于咀嚼，放进粥里、饭里或蘸食，甚是美味，让人食欲大振。

芝麻烧饼

芝麻烧饼是清宫主食之一。据说宫内芝麻烧饼的制法与慈禧太后有直接关系。

一次慈禧太后在颐和园游湖，快到用膳之时，她让贴身太监李莲英传旨寿膳房：要吃芝麻烧饼。寿膳房的厨师们已为她备办了几十样面食，可就是没有芝麻烧饼。恰巧做芝麻烧饼的厨役有事歇工了。寿膳房的人都急坏了，他们知道，老佛爷的旨意是不可违抗的，否则身家性命难保。怎么也得想办法把芝麻烧饼做出来。于是司膳总管就令一位做过酥皮点心的厨役做芝麻烧饼。但这位厨役没做过芝麻烧饼，如果不对老佛爷的胃口，照样难逃厄运。但事已临头，只好凭自己的经验去做了。由于心情紧张出了一身冷汗，做活时手不由自主地直哆嗦，不是怕面硬了，就是怕油少了，愈是紧张愈是做不好，拿饼坯蘸芝麻的时候，饼坯在芝麻罐里打了个滚，成了芝麻团。饼刚放到铛里，又慌张地将油罐子往铛中倒了一下子油，烧饼不成烙的，而成油炸的了。重新做吧，用膳时间已到，来不及了，只好把烧饼捞出来放在烤炉里烤。然后便由侍膳太监呈上了。

紫檀木食盒

此时慈禧太后正在知春亭、排云殿一带游玩。时已傍午，她又累又饥，李莲英忙将烧饼端来，慈禧太后急急地吃下去。这烧饼芝麻多，经油炸后又烤，酥脆咸香，正合慈禧太后口味，竟连吃了好几个。然后对李莲英说："小李子，做芝麻烧饼的厨子赏银四两！"

从此寿膳房的芝麻烧饼名声大振。后来在原制作方法上，又不断改进，创造出玫瑰麻饼、椒盐麻饼、芝麻薄脆等新品种。不仅味美，还有药用效果，对美发护发也大有裨益。

核桃仁、松子仁

用核桃仁、松子仁制成各种小吃，也是清宫帝后常用的食品。清宫旧俗，每日早、晚两顿正餐外，中间还有两次小食。如炸核桃仁、拌核桃仁，椒盐核桃仁、琥珀核桃仁、冰糖核桃仁、松仁穰荔枝、松仁穰山楂、松仁果脆饼、芝麻松仁薄脆、桃仁象棋饼、油酥桃仁饼、奶酥油桃仁饼、桃仁奶卷及桃核仁、松子仁、榛子仁、瓜子仁、花生仁合蒸的"五仁糕"等。

后妃们整日无所事事，悠闲倦怠，吃些零食可消烦解闷。在故宫博物院恢复的原状陈列室中，凡是标明后妃居住的地方都摆着有装零食小吃的果盒，或置长案上，或临窗设桌摆放。在复原慈禧太后五十寿辰居住的储秀宫五间房内，就摆出雕漆、青玉、木嵌宝石、珐琅、象牙等不同质地食盒七件（这些室内陈设都是按照当时记录下来的陈设档恢复的）。慈禧太后爱吃厚味菜肴（鲫鱼、肉、鸡、鸭等），但她对甜食更为喜爱，她常说："我喜欢甜食比肉更甚。"

从医药学角度来分析，核桃、松子、榛子等属硬壳果实，是补脑延缓衰老的营养食品。这些油脂类食品含不饱和脂肪酸、甘油酯、维生素 B2、磷、铁等成分，常食硬壳果实可以"温肺定喘，补肾固精，润肌肤，黑毛发，令人颜色姣好"。这些具有健体养发的特殊功能的食品，食之味香，又有药用良效，难怪慈禧太后如此偏爱呢！由于长期食硬壳植物果仁，她的头发一直很好（除老年患过一段脂溢性皮炎外）。即使到了七十多岁的古稀之年，头发依然油亮，极富弹性，"好像天鹅绒"。

关于慈禧太后食用高蛋白植物油脂果实的例子还有很多，例如苏州采芝斋的"松仁粽子糖",至今当地人提起它,都会说起其作为贡品入贡清宫的历史。

光绪年间,慈禧太后总是"胸肋胀满、食欲不振",经常是一连数日茶饭不思,弄得面色苍白,浑身无力,就连梳得整整齐齐的两把头也显不出光彩了。一时间,御医们人心惶惶,但又苦于不知病源,难以下手医治。后经地方官府推荐,苏州名医曹沧州进宫为太后诊脉。临行前,曹沧州准备了一些苏州特产的丝绸和采芝斋生产的松仁粽子糖作为进宫礼物敬献皇太后。慈禧太后见小小的粽子糖色泽金黄,内含雪白的碎松子仁,十分招人喜爱。拣起一粒放到口中尝尝,顿觉清香爽口。而且"粽子糖"谐音吉祥,粽与众相谐,粽子即众子。老佛爷心里一高兴,便胃口大开。又听医生介绍松仁粽子糖是由多种中药配成,有清痰润肺、健脑强身等作用,对体虚脱发有特殊滋养功效。后来便将粽子糖列为"贡糖",采芝斋也由此而得"半爿药材店"的美称。

犀皮漆食盒

茯苓

清代后妃还有"冬食茯苓夏食梅汤"的传统。茯苓属植物菌类食品，是我国流行甚广的滋补佳品。茯苓外部粗糙呈黑褐色，内里肉质细腻乳白。将茯苓去皮、磨面，可做主食——茯苓包子、茯苓糕，可做汤——黑鱼茯苓汤等。茯苓营养丰富，《神农本草经》载：茯苓"久

宫藏茯苓

服安魂养神，不饥延年。"民间食用茯苓肴馔十分盛行。清代宫廷后妃们喜食用茯苓制成的八珍糕、八珍汤。

八珍糕创制于明代陈实功《外科正宗》一书。原料配方用茯苓、党参、白术等八味中药加米粉制成，故称"八珍糕"。"八珍糕"在当地又称"肥儿糕"，是体虚、腹泻，小儿培元益气、增进食欲的良药。

乾隆帝初次南巡时，行到江浙，地方官将此糕作为地方特产奉献皇帝品尝。乾隆帝吃罢，觉得风味奇特，香甜异常，十分赞赏。遂将配方带回清宫，如法炮制，赏给宫内后妃食用。清代后妃除早晚请安外，无大活动，常患有闷倦、肝气不舒、茶饭不香。自从八珍糕在宫里出现，就受到后妃的喜爱。八珍糕是香甜可口且无药味又能治病健身，非常适合"厌于药、喜于食"的后妃们。

除八珍糕外，清宫后妃们还用茯苓配制八珍汤以代茶饮。八珍汤配方：用薏仁、扁豆、茯苓、莲子、冬瓜皮、芡实、炒山药、小米八样同煮熬制。长期饮用可清火、生津、健美皮肤与毛发。

清代后妃中，慈禧太后曾独创化妆、独创饮食，还独创茯苓夹饼。据传慈禧太后晚年，一次重病后身体十分虚弱，想吃茯苓饼。厨役们送来后，雪白的茯苓饼，如雪似玉。但吃到嘴里寡淡无味。正要人发脾气，突然看到了几案上放着的果盒。便令人把九子食盒捧过来，拣了几样平时爱吃的蜂蜜松仁、桃仁夹到茯苓饼中。慈禧太后一吃便异常喜爱，隔几日就传寿

膳房做茯苓夹饼，并钦定为"清宫御点"中的保留食品。

当年清宫后妃喜食茯苓，宫内食用十分普遍，故宫博物院现存两颗硕大的茯苓，已是珍贵的文物。

酸梅

清代后妃夏季喜饮酸梅汤。酸梅又称乌梅，是蔷薇科植物，俗称梅子。冬季开花，夏季熟果。鲜果用火熏制后变黑即成乌梅、酸梅，用糖渍成为话梅，盐腌又称白梅。据日本最古老的医书《医心方》记载："乌梅有解热、除烦懑（即腹胀之类），安定心脏，治疗皮肤萎缩（营养失调和衰老现象）等功效。"现代科学研究表明，乌梅是抗衰老的"返老还童药"，能刺激腮腺使唾液增多，使全身组织趋向年轻化，保持新陈代谢的旺盛。常食乌梅可以使人面色红润、肌肤娇嫩。而乌梅能够刺激皮脂腺分泌皮脂，能对毛发和皮肤起到滋润和保护的作用。

当然，清代后妃喜食乌（酸）梅汤，并不知道它的营养价值，只觉得乌（酸）梅汤加白糖、桂花煮水酸甜适口，防暑解毒。清末，慈禧太后又在酸梅汤中加上茯苓、扁豆两味中药，称为"加味酸梅汤"。茯苓的营养作用前文已经提到，扁豆性温、味甘，和中健脾，清热解毒。此汤对老年人的"脾胃不合"病症十分有利，所以深受老佛爷喜爱。

酸梅与中药相互配伍，即能治病又可享受口福之乐，滋颜养发，确实为清代后妃美容、美发之良药。

梳理护发

清代后妃在皇宫里过着丰衣厚食的生活，宫女、太监精心伺候，饭来张口、衣来伸手，但满族传统习俗在生活上的影响依旧很深。她们虽然重视美发、养发，可是并不经常洗发。她们认为：发肤受之父母，不容损坏，洗发会掉头发。这一观点，对于现代人来说，可能很难理解。一般说来，皮肤、头发接触空气、灰尘，加上体内分泌皮脂，很容易形成尘垢和油污，时间长了，皮肤发干，头皮就会发痒，还容易掉发。那么清代后妃们怎样清理头发呢？

后妃梳妆台

梳头

每日清晨，清宫后妃们起床后的第一件事就是坐在梳妆台前，对着花菱镜精心梳妆。长年累月的宫廷生活，苦闷、孤独，许多妃嫔都患有肝郁不舒病症，不仅影响美容还损伤头发，六宫粉黛虽没有三千众，但也是美女如云，想要在众多女子中显露头角谈何容易。而勤理头发，充分显示自己的梳妆能力，或许可以赚得君王一顾，亦不失为一条捷径。

后妃们梳头时，先用粗齿梳子把头发从根到梢通顺、通开，再用粗齿篦子，篦掉发中的垢污，然后换密齿篦子，篦发根与头皮屑。由于篦子齿密，极富弹性，反复篦头，能解痒除垢，可以达到"干浴发"的效果。后妃们每天梳头，都要按部就班地篦头发。长发、短发都篦得干干净净。精梳、勤梳，使用梳具对头皮进行有规律有节奏的按摩，促进血液循环，使头皮中的毛细血管扩张，增进新陈代谢。

梳具

清宫遗留下来的梳妆用具，就质地而言，有南竹、黄杨木、玳瑁、象牙等名贵材料制成的。故宫博物院保存的大批梳具中以黄杨木质地最多。据载，这种梳具产于江苏常州。古代常州素以产梳具著称。因常州地理位置属交通要道，南临太湖，北靠长江，南来北往的行商、官民都在这里短期停留，购买当地的特产梳篦，从此常州梳具广为流传。清光绪年间，苏州织造每年七月必到常州定制60柄黄杨木梳具和60柄梅木梳具，到十月连同6套龙袍、600朵绢花送进皇宫，以供御用。故常州梳具又有"宫梳名篦"

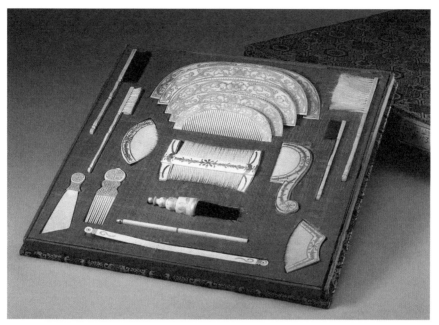

描金夔凤象牙梳具

之称。慈禧太后梳头最喜欢用常州制作的黄杨木梳具。这种梳具精工细作、齿尖润滑，梳头时不落头发，因而颇受后妃们欢迎。常州梳篦的制作相当讲究。仅以制篦子为例，从原料到成品要经过 72 道工序，制成后还要在篦子脊梁骨上施以雕花描绘、刻纹、烫样等工艺。而为清宫后妃制作梳具则更加繁复。

清代后妃梳两把头，梳式繁杂，要经过扎盘、绾等不同程序，最后用扁方固定成待飞的燕翅形。依据梳理时的不同部位，需要使用不同的梳具。以故宫博物院藏的象牙什锦梳具一套（25 件）为例，将其名称、用途简述如下：

梳子：9 件。由小到大依序排列，大小不同，薄厚各异。一、二、三号梳（大）各为半边稀齿、半边密齿梳。其余 6 件，均为密齿小梳。大梳子梳通长发，中梳压两鬓发，小梳又称抿子，梳额头鬓角。

篦子：2 件。一疏齿，一密齿。疏齿先篦，最后用密齿篦头。

扁针：2件。分头缝用。

胭脂棍：2件。调胭脂。

剔篦：2件。用于清理篦子缝中污垢。

长把毛刷：4件。用于蘸胭脂涂腮。

横把长刷：4件。用于蘸头油、刨花水和清洗梳、篦用。

25件（一套）梳具雕制精细。梳子背、篦子脊背、刷子把都绘有彩色描金花卉图案。25件梳具装在一个锦缎盒中，盒内专门设有放梳、篦、刷子、骨针等小格，用毕各回各位，排列整齐有序。

中国梳具的历史悠久，早在原始社会就有骨梳问世了。1953年，在陕西西安半坡遗址中出土的数十件骨器中，就发现了骨梳。但那时的梳子齿稀、粗糙，仅仅为了实用。战国时期，又出现彩绘髹漆的木梳子。唐代，制梳技术不断进步，梳子质地也多种多样，有木、竹、象牙、金、银、玉等。制作精巧，且带有雕饰，有龙、凤、花鸟、兽头等纹饰与图案。宋代，贵族妇女梳"四起大髻"，正中横插一梳。本来是有着实际作用的梳具，却堂而皇之地戴在头上成为装饰品，成为宋代发髻装饰的一大特点。欧阳修在《南歌子》中写道："凤髻金泥带，龙纹玉掌梳。"便是当时妇女广泛以梳子做装饰的明证。明清两代，头上插梳之俗渐弱，把头发梳得流光板平的风气日浓，贵族女子讲究"头光脸净"，不惜花费时间梳妆打扮，"一日三洗两梳头"。清代皇宫还将头发凌乱看作有悖礼仪。光绪年间，因禁在冷宫的光绪帝珍妃在大难临头去见慈禧太后时，都把两把头梳得平展展的，两鬓用刨花水抿得整整齐齐，一丝不乱。清宫制度不仅约束后妃梳妆，而对女官和宫女们亦要求严格。慈禧太后就曾因为宫女发辫梳得太低，而大发脾气。对伺候她的人说："赶快回房去，把你们的头发重新梳过。要是以后再让我看见这个样子，我就把你们的头发都剪掉！"

后妃们精心梳头，不仅使用梳具量大，使用的梳妆台、把镜、镜支、穿衣镜等也多种多样，甚至连外国进贡的钟表上也镶有容镜。后妃梳妆时照镜子，不梳妆时也照镜子，随时观察发式、首饰、面饰，稍有不当，及时修整，"正其衣冠，尊其瞻视"。清代后妃给予别人的永远是彬彬有礼、仪表端庄、文雅可敬的印象。

不仅宫廷女子常常照镜，就连皇帝处理政务、生活起居的地方都设有穿衣镜。皇帝宝座垫下也放有容镜，便于他们随时整理衣冠。

蓝透明珐琅描金喜字把镜

抿头

清代后妃的两把头总是梳得整齐、平贴、光滑，这是边梳头边用刷子蘸头油或刨花水抹发的效果。头发经梳箅梳通后，蓬松、柔软。使用抿子抿头后，使头发长、短都粘在一起，梳起发髻后纹丝不乱。对于后妃使用什么护发材料梳头，我们遍查有关档案以及清人笔记，都没有记载。但从故宫博物院藏清宫有关刨花、头油等实物状况分析，不外是油性头发使用刨花水，干性头发使用头油。

刨花，是一种带黏性木头刨出来极薄、近似于纸的刨花卷，形似花，故称刨花。将刨花泡在水里三、五日，使刨花水呈黏液状，就可抿头用。据说梧桐树的刨花浸泡后成黏液，抿头效果极佳。清代后妃还常常在刨花水中加入乌发、生发、养发的中草药液。如慈禧太后与光绪帝都用过榧子、核桃仁、侧柏叶一同捣烂如泥，泡在雪水内用时兑以刨花水。抿头对养护头发大有裨益。

牛角梳子

刨花水适合油性头发。慈禧太后饮食中，厚味（如猪、鸭、鸡及油炸煎的食品）较多，头发经常油腻腻的。尽管每天用箆子箆头却仍然掉发、出油，这是因为头皮层分泌的皮脂失调而造成脂溢性脱发。慈禧太后十分苦恼。光绪五年二月，她命太医院御医李德昌为她诊治。李德昌查阅了大量药书，配制了有八味中药的抿头方：

> 香白芷（三钱）、荆穗（三钱）、白僵蚕（二钱）、薄荷（一钱五分）、藿香叶（二钱）、牙皂（二钱）、零陵香（三钱）、菊花（二钱），制法将以上各味加水熬，开后兑冰片（二分），随用抿之。
>
> （《清宫医案研究》陈可冀主编）

慈禧太后用此方抿头一年之后，脱发情况大有好转。为进一步巩固治疗，光绪六年三月，再传李德昌，依据头发状况，在原方基础上进行修改。李德昌将原方药味中去掉"牙皂、菊花、冰片三味药，加上当归、侧柏叶"。这两个方子所用，都是具有护发除垢清香的药物。零陵香、香白芷有滋润头发、乌发的功效，还有浓郁的清香味。《本草衍义》载:零陵香"浸油饰发，

骨背竹箆子

香无以加"。牙皂，是古代人的洗
涤剂，用在头发上可以洗剂污垢。
薄荷、冰片、菊花是清凉去湿药，
内服外用，效果皆佳。第二方中
加当归、侧柏叶均属乌发、养发
之药，具有活血、营养作用。尤
其当归是妇科名药，有补血、活血、
通经等功效。对于妇女贫血衰弱、
月经不调、痛经、子宫出血及跌

檀香油瓶

打损伤、痉痛，肿痛、风湿痛等有一定的疗效。

　　光绪五、六年间，慈禧太后年近四十有余，即将步入中年。脂溢性脱
发为她增添了许多烦恼，她长期使用中药药液抿头，从而收到了可喜的效果。
不仅脱发得到根治，还达到生发、养发、乌发的效果。直到 70 多岁时，她
头发仍旧又黑又亮。

　　清宫后妃中，有像慈禧太后这样油性头发的，也不乏干性的头发。干
性头发的后妃们多选用梳头油抿发。梳头油品种很多，据档案记载：有生
发头油、玫瑰头油、真檀香油、桂花头油、薄荷头油、西洋玫瑰头油等。
这些头油，是经天然植物提炼而成，清香诱人，可生发养发。冬季用头油
抿发，可以促进毛发皮质层的血液循环，防止因季节变化脱落头发。夏季
抿头油，头油中的植物挥发油可使头皮分泌物迅速脱离发根，易于梳理，
清洁长发。同时还可以去掉头发中的汗味，使之变得清香。

　　故宫博物院存有清晚期后妃遗留下来的头油若干种，从包装来看，有
法国的、英国的、德国的，但更多的是我国江南苏、杭、扬州等地制造的，
也有的是清宫后妃托人到前门五牌楼一带购买的。清代后妃生活在皇宫禁
苑，吃喝穿戴都是最高的享受。然而，爱美是人的本性，追求新奇亦然。
对于日益兴盛的化妆品花样不断翻新，而皇宫以外的新品种更能引起她们
的极大兴趣。于是通过各种渠道买进一些市间新鲜物品，打扮自己，这是
非常正常的现象。

浴　身

在清代后妃中，有两位高龄皇太后，一位是顺治帝的母亲——孝庄太后，享年 75 岁。另一位是慈禧太后，享年 74 岁。她们除重视滋补保健外，还有一个嗜好，就是浴身——沐浴。孝庄太后喜欢温泉沐浴，尽情享受大自然赐予的灵丹妙药；慈禧太后则喜欢用御医配制中药煮汤沐浴。虽然她们两人的沐浴方式不同，但效果是相同的。洗澡是当代人日常生活中的必要程序，然而在距今几千年前的古代人眼里，沐浴却是一件十分神圣的事情。

沐浴的历史

我国民间很早就流传着暮春三月三日上巳日（夏历三月的第一个巳日）沐浴的习俗。人们经过一个冬天的生活，迎来了春暖花开的季节。在温暖阳光的照耀下，来到河边洗涤身上的污垢，呼吸新鲜空气，身体舒适，心情舒畅。周代时，朝廷曾指定专职女巫掌管祓禊之事。祓禊是通过洗濯身体达到除去凶疾的一种祭仪。祓是祓除病气；禊是修洁净身。每年春秋两季，人们都要相约到"东流水上自洁濯"，就连孔子的学生也都在这一日三五成群地"浴于沂，风乎舞雩，咏而归"。实际上就是沐浴。古人认为，水和火都是至洁之物，可以消除一切疾病和灾难。《诗经·郑风·溱洧》篇中，就详细地记载了春秋时期的郑国，在春天三月桃花水涨的时候，男女老少齐聚在溱、洧两水之上招魂续魄，秉兰草熏香，祓除不祥。

东汉时，朝廷下令将三月上巳定为祭天的节日，号召官民到水边洗濯，作为节日礼仪活动。帝王、后妃与民间百姓都纷纷临水除垢，祓除不祥，使这种良好的卫生习俗得以推广和发扬。士大夫和文人诗友聚集水边，举行祓禊活动。晋永和九年王羲之等人会于浙江会稽兰亭修禊，留下了脍炙人口的《兰亭集序》。唐代杜甫《丽人行》中"三月三日天气新，长安水边多丽人"，也是与"祓除岁秽"的习俗有关。当然，封建贵族由于身份和尊严不可能当众解衣而浴，不过应典而已，但作为洗涤污垢的良好传统却流传下来。由此演变来的温泉浴、香汤浴，都与上巳祓禊有着深厚的渊源。

明 文徵明《兰亭修禊图》

　　古人不仅在春天的暖日到河水洗浴，享受到惬意和舒适感，还利用天然温泉洗浴，洗涤身体、滋养皮肤、治疗疾病。这一神奇的功能出现，人们将泉水称为神水、神泉。在我国温泉洗浴的历史上留下了许多故事。

　　秦统一六国后，秦始皇沉湎于胜利之中，骄奢淫逸无所不好。一日他见一女子生得漂亮，紧追不舍，口出狂言，将该女子惹怒，一口唾液，唾到始皇眼里，眼前漆黑，顿时双目失明，御医百般医治不见效。始皇心里明白，是得罪了女神，于是每日烧香叩头，祈求女神施方治目，女神见始皇忏悔心诚，便示意他去温泉洗浴，目疾可治，始皇如获至宝，命御医每天取泉水洗目，三天后即愈。

　　汉武帝常患皮肤病，痒痛难忍，十分烦恼。武帝为寻医求治，广贴告示而不果。忽一夜梦中，得神人相告，有白鹿引路寻找温泉可治此病。武帝醒来，命侍从在鹿群中选一洁白雄鹿，供他骑坐，寻觅温泉，找了三天三夜，白鹿终于在一团雾气蒸腾的丛林边停下，武帝命侍从去查看，果真见一池清泉，水如鼎沸，正是温泉。武帝连洗数日，疾消病除，便将泉边山坡命名为"白鹿坡"，温泉命名为"疾泉"。

　　唐太宗李世民带兵东征多日，昼夜兼程，人困马乏。当地百姓携粮草慰劳将士，还将洗浴泉眼指点出来，让他们洗浴以解征战疲劳。太宗先下温泉，顿觉精神爽快，于是下令休整三天洗浴温泉，养精蓄锐。经过温泉

今日华清池

洗浴，将士们个个精神倍增，士气大振。太宗便敕令在此温泉立碑建亭，以示纪念。

此后，燕地温泉名声大振，一度成为帝王休养之处。辽代的萧太后，在宋辽两国偃兵息戈、铸剑为锄后，曾久居南京（今北京）。战争使这位年轻时就宵衣旰食夙夜忧勤的皇太后过早地衰老了。大臣们纷纷进言，请皇太后沐浴温泉，颐养天年。爱美之心促使萧太后向往恢复自己的美貌，于是下令将燕之温泉辟为行宫。在泉边建梳妆楼，随时洗浴，梳妆打扮。经温泉洗浴，萧太后面颜红润，肌肤细腻。时至今日，温泉边还留有当年萧太后梳妆、洗浴的遗迹。

以唐明皇和杨贵妃爱情故事而闻名的华清池，确确实实为杨贵妃香肌润发、滋养皮肤起了很大作用，因而成为千百年来人们向往的地方。华清池原是陕西骊山北麓山脚下的一股温泉，汉、魏、隋都将此视为风水宝地，大加修葺。唐朝以温泉为中心，治汤井、筑池环、列宫室，为宫廷帝后沐浴之所。唐天宝年间，杨玉环受宠于玄宗，每年旧历十月玄宗偕玉环与朝廷百官家眷到此出游，直到次年二月或四月才返回长安，朝廷议事接见臣僚也都在这里举行。唐王建曾诗曰："十月一日天子来，青绳御路无尘埃。""千官扈从骊山北，万国来朝渭水东。"在华清宫内，唐玄宗和杨贵妃各有自己的温泉浴池。唐玄宗浴池称"九龙汤"，用莹澈如玉的白石砌成九龙吐水状，中间为白石并蒂莲，泉眼自瓮中涌出，喷注在白玉莲上，十分壮观。杨贵妃沐浴的浴池称"芙蓉汤"，围绕泉眼砌石如海棠花，又称"海棠汤"。唐代诗人白居易在《长恨歌》中极为形象地描写了杨贵妃被玄宗得宠，被赐浴温泉的娇态："侍儿扶起娇无力，始见新承恩泽时。"明代画家仇英所绘《贵

明　仇英《贵妃出浴图》局部

妃出浴图》，以细腻的笔调，层次分明地将雾气迷离的"芙蓉汤"画得极其
形象逼真，浑然衬托出杨贵妃浴后"娇无力"的姿态及其洗浴后筋骨舒适
的美感。诗画融为一体，呈现在人们面前。仇英所处时代距唐已六七百年，
其所绘不免有写意附会之嫌，但杨贵妃在温泉洗浴的确获得了美容的功效，
肌肤白嫩，发黑体香，为其姿色增添了光彩。

沐浴与清人的传说

　　无独有偶，满族起源的传说，也是与沐浴有关，据《满洲实录》《清
太祖武皇帝实录》载，在很久以前，长白山布尔湖里神秘的天女浴躬池（长
白同圆池）创造了满族起源的传说：长白山布尔湖里飞来三位仙女，她们
是三姐妹恩古伦、正古伦和佛古伦，到这里沐浴。就在她们高兴地嬉戏于
水中时，却有一只喜鹊在她们头上盘旋，小妹妹佛古伦伸出手掌，让喜鹊
停在自己的手心上，她看到喜鹊的嘴里衔着一枚朱果。这枚朱果奇香扑鼻，
光泽夺目，于是她就把朱果放在自己口中，朱果刚放入口，没等品尝，就
流入腹中。佛古伦自觉身怀有孕，不能同两位姐姐飞升，就留在山中。后
生一男孩，体貌雄异生而能言。长大后，佛古伦对他说："你姓爱新觉罗，
名布库里雍顺，是天帝的儿子。"说完指给他一段大木作舟，自己就凌空
飞去了。布库里雍顺按照母亲的吩咐，乘独木舟顺流而下，至三姓地方（今

伊兰里）登岸，这里正值鄂、谟、辉三姓部落争战，问他从何而来。布库里雍顺说："我是天帝和天女所生之子，名布库里雍顺，天帝命我来平息你们的争端。"众人见他相貌非凡，一起推他为三姓之王，这便是满族的始祖。

一个由沐浴而诞生的民族，世代在长白山脉富饶的土地上，繁衍、游牧、渔猎、耕种采植，与天然的温泉神水结下了不解之缘。这些温泉大多存在于崇山峻岭之中，山上茂密的原始森林里栖息着珍奇异兽，漫山遍野的花丛引蝶招蜂。山丹花、芍药花、羊奶花、野百合、苦苦菜、酸不溜，姹紫嫣红。一池池泉水雾气缭绕迷迷茫茫，但泉分布非常奇特，在方圆几里地，就有冷泉、温泉和热泉。由于水温不同，所具有的作用也不相同。如冷泉水有促进食欲、帮助消化与利尿的功效。温泉洗浴，有着不同的用途。有的能治眼疾，有的能治耳鼻，还有的能治心脏等病症。当然温泉的最大功效还是具有治疗关节炎、皮肤病的神奇能力。至于热泉，还有将生食煮熟的记载。而所有泉水的不同作用，则取决于所含矿物质成分的不同。

由于泉水的神奇功效，居住在满蒙地区的各民族人民都受到大自然的恩惠，对洗浴坐汤依赖、迷恋。有什么大灾小病，都习惯到温泉中坐汤、浸浴，轻者三五次，重者坐上三七（一期为七天），就能见效。

天命汗努尔哈赤就非常重视温泉浴。天命十一年七月，努尔哈赤在征战中受伤，就到清河温泉治病。八旗官兵有疾痛亦入温泉浸泡坐

《满洲实录》之"三仙女浴布勒瑚里泊"图

汤，温泉洗浴已成为生活中不可缺少的习惯。康熙帝在谈到满族洗浴的习俗时对李光地说："坐汤（沐浴）之法，惟满洲、蒙古、朝鲜最兴，所以知之甚详。"

孝庄太后与沐浴

清代后妃中最喜欢沐浴的是孝庄太后。孝庄太后名布木布泰，是内蒙古科尔沁贝勒之女。12岁时嫁给比她大20岁的皇太极为侧室福晋。崇德八年，皇太极病逝，时封庄妃的她当时33岁中年丧偶。但她性格刚强，并没有沉湎于个人的悲哀之中，两度辅佐幼主，度过危机，完成了顺治入关、康熙恢复经济建设、统一全国大业等重大事件，开创了清王朝的鼎盛时期。孝庄太后虽不干预朝政，却为国家呕心沥血，献出了毕生的精力。天长日久的积劳成疾，严重地损害了她的身体健康。但孝庄太后重视保养身体，利用天然温泉洗浴健体、保护皮肤、延缓衰老。

自古以来满蒙毗邻，饮食起居也很相似。在科尔沁草原上各种温泉星罗棋布，生活在这里的蒙古、满、达斡尔等民族牧民饮水养畜，人丁兴旺。泉水中含有多种矿物质及微量元素，可以防病治病。即使无病，常浴泉水，也可达到解乏爽神、营养肌肤、润泽面容的效果。最早由蒙、满医学界提倡的温泉洗浴法，就是他们长年传统生活习俗的经验总结。后来逐渐推广成为今日医学治疗有关疾病的有效方法。

孝庄太后生在科尔沁西部，洗浴滋养条件得天独厚。在与皇太极共同征战中，长白天池、五龙背温

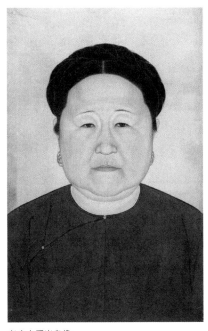

孝庄太后半身像

泉、汤岗子温泉、兴城温泉都曾为她洗去征尘，解除疲劳，治疗疾病，养肤健身。尤其是兴城温泉早在 1300 多年前就被发现，辽金时期已为人所用。明代地方官吏曾在泉边建房三楹为温泉浴堂。后金与清代初期，八旗兵士常年在冰天雪地骑射奔跑，大多患有关节炎、皮肤病，经兴城温泉治疗后，基本都恢复了健康。据现代科学分析，兴城温泉是由地下熔岩作用而形成的天然矿泉，属高热放射性食盐泉。泉水温度达 70°C，内含钾、钠、镁、硫黄等元素，可以治疗多种疾病，还有一种放射性元素——氡气，对妇科病有显著疗效。据说，孝庄太后每到兴城，必去温泉。先喝一口泉水，品尝它的滋味，然后解衣宽带坐汤沐浴，临行时还要装上几瓶带走。孝庄太后在年轻时曾患过皮肤过敏症，通过温泉沐浴可以得到抑制。因而孝庄太后喜浴温泉，直到清朝入关后，仍经常去温泉洗浴。

清入关后，清朝皇室第一个发现的就是河北遵化县南福山温泉（亦称汤泉）。据谈迁《北游录纪邮下》载，汤泉风景秀丽"山上残雪遥遥也，又数里桃花寺，寺山半而泉环之……汤泉约半亩，人争浴焉"。其次发现的汤泉是昌平以西居庸关外赤城附近的赤城汤泉（现称小汤山温泉）。这两处汤泉在明代已是皇家禁苑，清代皇帝为便于沐浴便辟为行宫，派兵防守加强治理。两处汤泉分别设置总管、苑丞、苑副各 1 人，下设千总、委署、把总各 21 人，承担平时驻守行宫的任务。帝后临幸，则戒备森严，层层把守。随着清朝政权的巩固繁荣，为清贵族带来了享有一切的特权，居室、器具、衣饰、饮馔逐渐豪华，然而对于行宫的温泉洗浴，则一如关外。康熙年间，已步入老年的孝庄太后仍旧去赤城汤泉坐汤洗浴。康熙帝出于对祖母的孝顺，每每陪侍前往，途中亲自扶舆，端汤问安。在《康熙起居注》中，经常能见到他们祖孙二人临泉洗浴的记载。

温泉洗浴既能清洁皮肤，又能舒筋活络、调节神经，并有镇静、止痛和解除疲劳等作用。但却十分消耗体力。因水的传热性是空气的 26 到 28 倍，人洗完热水澡后，会消耗体内相当多的热量，往往感到身体疲累。现代人曾作过这样的统计，人在 12°C 的水里停留 4 分钟，所消耗的热量相当于在同样温度的空气中停留一个小时所消耗的热量。有的人洗澡时出现

清末汤泉

头晕、甚至休克的现象，这是因为血液里葡萄糖成分偏低，而消耗的能量过多，这样靠血液中葡萄糖氧化而来的热量就供不应求了。为了维持正常的生理活动，洗澡时要补充足够的热量，也就是说要吃好、吃饱。

惯于洗浴温泉的清代皇帝及后妃们，总结出一套洗浴饮食法。视治疗疾病的轻重程度，洗浴可分为三七、三九为一疗程。每一疗程之间要休息一个时期。洗浴期间，饮食要加强调理，多食鸡、鸭、鹅、牛、羊、鱼、虾等高热量、高蛋白食品，以补充洗浴温泉时所消耗的热量。用康熙帝的话说，就是洗浴时"断不可减食"。洗浴时间四季皆宜，但四季之中以"春后坐汤，似更有益"。

孝庄太后到了老年，洗浴坐汤之兴趣更浓。稍有几日不去温泉，就感到筋骨不舒服。史载，孝庄太后晚年皮肤瘙痒症时犯时好，每每坐汤之后，感觉轻松许多。但老年人不宜在水中泡浸时间过长。温泉洗浴，皮肤微酸性虽受到一定的保持，还能增加杀灭细菌的能力，可是会使皮肤毛细血管过于扩张,血液过多地流到身体表面,造成大脑贫血。也许是由于这个原因,孝庄太后洗浴温泉之癖不得不稍作控制,以至皮肤瘙痒越来越严重。康熙二十六年"疹患骤作",最终死于此病,享年76岁。

清代康、雍、乾三帝与温泉

清前期的康熙、雍正、乾隆三帝也都喜欢温泉坐汤。康熙帝自幼身体强壮,喜骑马射箭。不迷信补药,认为"补药无益,而有大损",对人参之类的补品更是不屑一顾。他也不主张厚味膏粮,一日两餐"每食仅一味""不食兼味"。而对于加强体质锻炼、提高自身抵抗能力的沐浴坐汤却十分热衷。他曾说:"坐汤可舒筋骨,兼疗人病。"坐汤之后,他感到"蠲烦除疴,异和怡性"。其祖母孝庄太后在世时,常常陪侍温泉坐汤。只要他的政务处理完毕,总要提前拟定赴汤泉的日期行程。

在北京附近,除上述福山温泉、赤城汤泉外,地处承德境内的汤山温泉是康熙帝去的次数最多的地方。汤山温泉属热河水系,据《大清一统志》第五部分承德府表记载:"在府东北八十里之汤山,泉水涌自山半,温暖适宜。康熙间每驾幸山庄,多临御焉。"清代皇帝有夏季避暑的习惯,每到春末夏初就要到离宫"避喧听政"。北京西北郊的畅春园、圆明园和承德避暑山庄等离宫式的皇家园林都是清帝夏季避暑的地方。故康熙帝到承德避暑,去温泉沐浴是很方便的。康熙四十二年,第一次来到汤山,就有感于温泉水质佳,能疗人以疾。康熙四十五年,第二次到此,便开始营建汤山温泉行宫,"爰于泉上,缭以周垣,构行宫数椽,为避暑休沐之所"。康熙五十年以后,来汤山温泉的次数就更多了。据《清

康熙帝出巡图

汤泉行宫遗址

圣祖实录》载，康熙帝先后到汤山温泉沐浴达 20 多次。

康熙帝不仅自己注重沐浴养生，还把坐汤这一良方介绍给他的随侍大臣们。理学名臣李光地于康熙五十年三月曾患疮毒症，"两手硬肿，匕箸俱废，且脓血多至数升，痒躁经夜不眠"。康熙帝得知后，建议李光地到温泉洗浴治疗。经两个疗程的坐汤后，李光地的毒症日见好转。他十分高兴地禀告康熙帝说："延医服药，总不如坐汤之有效。""今脓血已干，渐可穿着衣服。两手虽未能伸缩，然已免于溃烂，自察病势，十去八九。"

雍正帝温泉坐汤兴致甚浓。多次去温泉，不仅体验到健体颐养的效果，还对温泉的迷人景色赞不绝口。他曾作《咏汤泉》诗赞美曰："凌云兰殿郁崔嵬，绕槛涟漪温液回。养正为能恒净洁，莹心不止荡氛埃。宿含炎德珠光润，只觉阳和涧底来。著绩岂徒堪愈疾，溶溶一脉万年开。"

乾隆帝对温泉沐浴不亚于其祖父和父亲。不仅北京附近的温泉经常光顾，就连东巡祭祖，也到温泉凭吊一番。乾隆四十五年到盛京，他于中途特地来到兴城温泉驻跸，连日洗浴坐汤，以解旅途之劳。

乾隆初年，曾将康熙年间修建的汤泉行宫与汤泉进行了大规模的改造。康熙时汤泉在行宫之外，汤泉四周凿石槽引温泉水洗浴。乾隆帝却把温泉石池改建成进深宽阔的房宇，并添建了浴室，在行宫与汤泉之间增修殿堂与回廊。这次修建大大方便了洗浴与休息，也为清宫后妃提供了舒适的环境。然而,乾隆以后,帝后到此洗浴者甚少,温泉濒临荒废。到咸丰、同治时期,对温泉洗浴毫无兴趣,因此汤泉与汤泉行宫便无人问津了。

清代皇帝后妃的沐浴

多少年来,人们对清代皇帝、皇后、妃嫔的洗浴始终是个谜。偌大的紫禁城有九千九百九十九间半房屋,究竟有几处浴室?相传吉林地区有个古老的风俗,一个人一生中只洗浴三次;生下来洗一次,婚嫁时洗一次,死后洗一次。那么,发源于白山黑水间的满族皇帝究竟洗不洗澡呢?

清代后妃除赴温泉坐汤洗浴外,一般在寝殿内用澡盆洗浴。洗浴本来的含义是洗头和洗澡,可是因当年帝后的头发都不易梳理,所以把洗澡也统称沐浴(洗浴,因清宫帝后洗澡统称沐浴,以下按此称)。

红漆描金浴盆与"芙蓉巾"

沐浴时用清水，使用手巾、香肥皂。澡盆由南方定期制作，也有江西进贡的。这种澡盆是用藤条编成椭圆平底形，再饰以油灰涂漆。漆层很厚，可能要反复涂几十道，故澡盆有不怕烫、不怕摔、不渗漏、不风裂、不变形等特点。澡盆最外漆呈朱红色，面上饰以描金花卉图案。盆长大约有 120 厘米，宽 70 厘米，高 50 厘米。盆中坐一个成人洗浴大小适中。沐浴时用的毛巾，又称芙蓉巾。是江南三织造之一的江宁织造为宫廷特制进贡的。芙蓉巾为麻织品，长 70 厘米，宽 45 厘米，平纹无饰，上、下两头各有编结成金钱网的穗，颜色有素白的，

储秀宫慈禧寝室

也有红白、兰白花格的。现在故宫博物院就收藏着当年清宫流传下来的澡盆、澡巾。洗澡时用的香肥皂，也为清宫根据前朝成方加减味制成。故宫博物院现存配制的档案，但实物已不复存在了。

清代后妃一年之中沐浴次数无定制，一般视季节及个人爱好所定。皇帝沐浴除讲究个人卫生外，还有典制的约束。每年皇帝有祭天、祭地、祭日、祭月、祭祖、祭陵等许多祭祀活动。祭祀之前，皇帝要沐浴净体，换上整洁的内衣，独居一室进行斋戒。这时，皇帝不吃荤，不饮酒，不行房事，不理刑名，以表示对神祖的虔诚之意。到年底除夕下午，皇帝要到清宫四十八处神祖前行辞旧礼。临行前，要在寝宫沐浴，从头到脚、从里到外都要洗干净，换上新衣服、鞋袜、帽子等，就连腰带、荷包等都要新的，以取辞旧迎新之意。此外，夏季天气热，几乎每天要洗澡。春秋冬三季隔三五天洗一次。皇帝洗澡，清宫有一套专门机构负责。按摩处有两百多人，

除为皇帝洗澡外，还负责理发、刮胡、修脚、推拿、按摩、正骨等事宜。

慈禧太后的沐浴

在清宫，后妃沐浴比起皇帝就复杂多了。众多的后妃私事中，"浴身"为其首要的事情，大多不允外传，因此无从谈起。曾在慈禧太后身边作过侍寝的宫女"荣儿"亲眼目睹慈禧沐浴的全过程，记录在《宫女谈往录》一书中。

储秀宫里把老太后洗澡看成是很重要的事。洗澡没有固定时间，随时听老太后的吩咐。一般大约在传晚膳后一个多小时，在宫门上锁以前。因须要太监抬澡盆、担水，连洗澡的毛巾、香皂、爽身香水都是由太监捧两个托盘送来。太监把东西放下就走开，不许在寝宫逗留。司浴的四个宫女都穿一样的衣着，一样的打扮，连辫根、辫穗全一样。由掌事儿领着向上请跪安，这叫"告进"算是当差开始。在老太后屋里当差，不管干多脏的活，头上脚上要打扮得干净利落，所以这四个宫女，也是新鞋新袜。太监把澡盆放到廊子底下，托盘由宫女接过来，屋内铺好油布，抬进澡盆注入温水，然后请老太后宽衣……

老太后坐的是一尺来高的矮椅子，老太后洗澡有两个澡盆，是两个木胎镶银的澡盆，并不十分大，直径大约不到裁尺的三尺，也是斗形的，和洗脚盆差不多也是用银片剪裁，用银铆钉包镶的，外形像个大腰子，为了使老太后靠近澡盆，中间凹进一块。空盆抬着觉得很轻。由外表看，两个澡盆一模一样，但盆底有暗记，熟练的宫女用手一摸就能觉察出来，要切记：一个是洗上身用的，一个是洗下身用的，不可混淆。

最使人惊奇的是托盘里整齐陈列的毛巾，规规矩矩叠起来，二十五条一叠，四叠整整一百条，像小山似的摆在那里，每条都是用黄丝线绣的金龙，一叠是一种姿势，有翘首的，有回头望月的，有戏珠的，有喷水的，毛巾边上是黄金线锁的万字不到头的花边，非常美丽精致。再加上熨烫整齐，由紫红色木托盘托着，特别华丽。

老太后换上浅灰色的睡裤，自己解开上衣的纽袢，坐在椅子上等候四个宫女洗上身。这是老太后用第一个银澡盆洗上身，与其说洗澡不如说是擦澡。

四个宫女站在老太后的左右两旁开始工作了。要伺候老太后可不是件容易的事。要迅速、准确、从容，这必须有熟练的功夫。由一个宫女带头，另三个完全看头宫女的眉眼行事。由带头的宫女取来半叠毛巾浸在水里，浸透以后，先捞出四条来双手用力拧干，分发给其他宫女，然后一齐打开毛巾，平铺在手掌上轻轻地缓慢地给老太后擦胸，擦背，擦两腋，擦双臂，四个宫女各有各的部位，擦完再换毛巾，如此要换六七次，据说这样擦最重要地毛孔眼都擦开，好让身体轻松。

第二步是擦香皂，多用宫里御制的玫瑰香皂。把香皂涂满毛巾后，四个人一起动手擦起来。擦完身体，再换再擦，手法又迅速又有次序，难得的是鸦雀无声，四个人互相配合，全凭眼睛说话。最困难的是给老太后擦胸的宫女，要憋着气工作，不能把气吹向老太后的脸。

第三步是擦净身子，擦完香皂以后，四名宫女放下手里的毛巾，又由托盘里拿来一叠新毛巾，浸在水里。浸透三、四分钟以后，捞出拧得比较湿一些，轻轻地给老太后擦净皂沫。这要仔细擦，如果擦不干净，留有香皂的余沫在身上，待睡下觉以后，皮肤会发燥发痒的，老太后就会大发脾气。然后用香水，夏天多用忍冬花露，秋冬则用玫瑰花露，需大量地用，用洁白的纯丝棉约巴掌大小块的轻轻地在身上拍，拍得要均匀，要注意乳房下、骨头缝、脊梁沟这些地方容易积存香皂沫，将容易发痒的部位。

锡皂盒

　　最后，四个宫女每人用一条干毛巾，再把身上各部分轻擦一遍……上身的沐浴才算完了。

　　应该特别说清楚的，澡盆里的水要永远保持干净，把毛巾浸湿以后，捞出来就再也不许回盆里蘸水了。毛巾是用完一条扔下一条，所以洗完上身，需用五六十条毛巾，而水依然是干干净净的，澡盆里的水是随到随添的，以此保持温度。候在廊子下面专门听消息的干粗活的宫女听到里面的暗号，鱼贯地进来，先把洗上身的澡盆和用过的毛巾收拾干净抬走，再重新抬进另外一只浴盆来。冷眼看这只澡盆和方才抬出的一模一样，可老太后一眼就看得出来是洗下身的。洗下身的器具绝对不能洗上身，老太后认为，此乃上身是天，下身是地，地永远不能盖过天去，上身是清、下身是浊，清浊永远不能相混淆。等洗下身浴盆抬进来的时候，老太后的下身已经赤裸了，坐在浴椅上等着别人来侍候。大致和洗上身同样的费事，等把脚擦完以后，换上软胎敞口、矮帮的逍遥履，离开洗澡椅子以后，洗澡就算完毕。常年侍候慈禧的老宫女最了解慈禧的生活习性，她说老太后洗澡，与其说是洗，不如说是熨，太后用很长的时间在额头、两颊热敷，说这样能把抬头纹的痕迹熨开。七十岁的人了，脸上只略显皱纹，身上的肉皮像年轻人似的白嫩，两手非常细腻滑润，这大概与她的养颜术有关。

慈禧太后一生爱美，洗澡之时仍不忘护肤。洗一次澡，需要众多宫女伺候，又是那么复杂，但这也只不过是她在奢靡享受生活的一斑而已。

慈禧太后的沐浴方

浴身一般用清水冲洗，但是为了保养皮肤，借浴身之机增强皮肤的抵抗力，或者借浴身消除某些皮肤疾病，那就要借助于药物的功效。皮肤是人体内脏健康的一面镜子，如果内分泌紊乱、肝脾脏有病等都可以反映在皮肤上，肤色难看粗糙、皱纹横生等等。人们通过内治与外去相结合的方法保护皮肤，以图青春常在、延缓衰老。内治就是找出皮肤反映的内因，对症下药医治，以调整内部机能，去除内脏之不适，达到皮肤的正常。外去就是针对皮肤外部医治除病，促进血液循环，加强皮肤新陈代谢，以养护皮肤。

光绪二十八年的《老佛爷用药底簿》中，载有三个沐浴方。

方一：

谷精草一两，茵陈一两二，石决明一两二，青皮一两五，桑枝一两二，白菊花一两二，宣木瓜一两五，桑叶一两五。

铜镀金龙凤纹面盆

方二：

宣木瓜一两，薏米一两，桑枝叶一两，茵陈六钱，白菊花一两，青皮一两，净蝉衣一两，黄连四钱。

方三：

宣木瓜一两，青皮一两，桑枝一两五钱，石决明八钱，谷精草八钱，茵陈八钱，白菊花一两，桑叶一两。

沐浴药共研粗糙，用布袋合装熬水，沐浴时用。三个淋浴方均有清风热、清头目、去风湿热、去湿痒、补血益阳、祛肝火上升、抗菌、滋润毛发、润滑皮肤等功效，但药性平和不冷不热，不躁不湿，用此方沐浴后，能抑制皮肤粗糙，抗皮肤真菌，起到保护皮肤、促进皮肤血液循环等作用。

沐浴方中第一、三方的药味相同，只是药量各有增减。据此推测，第一方用于治病，第三方用于防病。第二方中有三味药与第一、三方不同。经过分析，我们认为此方可能用于春秋两季。春秋两季皮肤内分泌、汗腺较之夏天有所收敛，皮肤表面细菌也能得到控制，将谷精草、石决明、桑叶等清热杀菌药去掉，换上性情温和不躁不湿的薏米、净蝉衣、黄连等营养药，是十分相宜的。由此来看，慈禧太后沐浴不但用药汤，而且还在不同季节选用不同的沐浴方。

健 美

健美是现代人提出来的，古代人是否讲究健美呢？人类在社会生产劳动中，与自然界争斗，要求有一个健壮的体魄，因而逐渐产生对形体美的追求。不同时期、不同民族，对形体美有着不同的追求、不同的审美标准。

《诗经》中的"窈窕淑女"，对形体美的界定还很笼统。汉代女子以瘦为美，以赵飞燕为代表；唐代则以体态丰腴为美，以杨贵妃为代表。"环肥燕瘦"至今也是对形体美不同取向的代名词。五代以降而至宋元明，则一复汉俗，又以苗条为美。

在人类社会发展史中，风俗习惯的形成经历了一个从简到繁的发展过程。原始社会时期，风俗习惯还处于萌芽状态。随着社会生产力的不断发展和人类生产活动的进步，才逐渐形成了服饰、饮食、居住等各具特色的风俗习惯。然而不同民族的风俗习惯也不是一成不变的，而是随着社会经济生活的发展而改变。清代两百多年历史中不同时期的风俗习惯，对妇女体形健美有着不同的标准。

清入关前的形体审美

早在女真时期，满族先祖靠游牧渔猎为生，过着在马背上奔波射猎、不定居的游牧迁徙、沿江河捕鱼的生活。以肉食为主，以兽皮为衣，于是健康结实的体魄就为他们所追求、所羡慕。

清王朝的开创者努尔哈赤性格坚强，临危不惧，在战争中异常勇敢，冲锋陷阵，清代的史籍中记载了他"崇武圣功"的精神。在他的带领下，八旗宗室大多勤习骑射，跃马横刀，为清朝开国立下赫赫战功。男子在前方征战，女子在苏子河畔农耕畜牧。她们生活在大自然中，勤劳勇敢，劳动使她们身体健康，皮肤红润，不加任何修饰，一副自然的美态。明万历四十四年，努尔哈赤在赫图阿拉称汗，国号"金"，史称"后金"。但当时仍处于战争时期，贵族妇女并没有丢掉骑射传统，而贪图安逸。《满洲秘档》记载了天命十年努尔哈赤举行的一次满洲贵族女子冰上竞赛。

赫图阿拉内城北门

> 正月初二日，（上）率众福晋，八旗、蒙古诸贝勒及其福晋，诸汉官员及其妻等，御太子河上踢行头。诸贝勒率随

侍人等踢行头两次。上与众福晋御冰之中央，命于两旁约地赛跑，先至者以金银为赏。初一等每份银二十两，二等每份十两，置银十八份，使汉官员之妻等赛跑往取，落后者十八人，每人亦赏银三两。次每份银二十两，置银八份，使蒙古小台吉之妻赛跑往取，落后者八人，每人亦赏银十两。次每份银二十两，金一两，置银十二分，使众人妻子与小台吉之妻等，诸贝勒福晋与蒙古之众福晋等均同赛跑往取。诸贝勒福晋及众人之妻，与小台吉之妻均至，蒙古福晋落后者十二人，每人亦赏金一两，银五两。间有坠于冰者，上览之大笑。

女子们无拘无束地在冰上跑，仍然保持着本民族尚武的传统。可见，入关前的满洲贵族，仍以身体强健、能骑射、能赛跑作为形体审美的重要标准。

清入关后的形体审美

清入关以后，作为统治阶级的满族贵族妇女，生活条件有了很大的改变，舒适安逸的宫廷生活取代了射猎农耕的征战生活。她们不再参加任何生产劳动，居于深宫大宅。选秀女的制度确定之后，那些十四五岁就被选入宫中或王府的女子，一举一动都要合乎规矩，所谓"做主子的有做主子的样""伺候人有伺候人的样"，一切活动都受约束，甚至喜怒哀乐也要受到限制。这时候的选美标准，一改入关前的健壮美，而追求肤白貌美、身材亭亭玉立、惹人怜爱，为保持容颜美貌及"瘦腰肢""柳腰肢"的身姿体态，她们费尽心机追求近似于病态的"羸弱"之美。

从《月漫清游图》《雍正十二美人图》、乾隆时期后妃画像及其之后的宫廷绘画等，就可以看出清代入关后宫廷女子形体审美的变化：入关前是劳动健康的美，入关后则是带有宫廷韵味的美。当然，这种变化的原因，完全决定于统治阶级的审美标准。入关后的清代后妃，住的是深宫大院，过的是"衣来伸手，饭来张口"的享乐生活。满族传统的骑射、游泳、赛跑等体育锻炼根本无法进行，只能根据季节选择一些带有强烈宫廷色彩的活动。如：荡秋千、抖空竹、放风筝、踢毽子等等。

秋千原是春秋时北方山戎用于军事训练的器械。唐代高无际作《汉武帝后庭秋千赋序》中说："秋千者，千秋也。汉武帝祈千秋之寿，故后宫多秋千之乐。"秋千寄托了"长寿"这一美好的愿望。受到唐、宋、元、明历朝宫廷的喜爱，并将此作为春季后妃体育锻炼的活动内容。清代宫廷的秋千之戏成于前朝，清康熙

清　焦秉贞《仕女图》之一

清人画胤禛十二月景行乐图

清　陈枚《月漫清游图》之"荡秋千"

年间焦秉贞绘《仕女图》、清乾隆初年陈枚画《月漫清游图》等都有宫廷女
眷荡秋千的描绘。乾隆帝对此还题诗曰："清明时节杏花天，岸柳轻垂漠漠
烟。最是春闺识风景，翠翘红袖蹴秋千。"现在故宫博物院西六宫之一的翊
坤宫房檐下还留有当年吊秋千板的大铁环，秋千板和绳索也完好地保留着。
清宫廷不仅宫廷园囿设置秋千架，皇帝后妃驾幸承德避暑也随行设秋千锻
炼："热河搭盖大蒙古包，并安设转云游、西洋秋千。"

　　踢毽子。相传东北满族是踢毽子的故乡。每到农闲季节，满族男女老
幼都踢，有单踢、对踢、五人踢、十人踢及更多的人轮番踢。他们能踢出
许多花样和技巧，时至今日这一习俗仍流传不辍。清宫后妃也保留着满族
踢毽子的传统。秋季天长，后妃们午休之后吃克食、喝茶，随后就三三两
两来到御花园踢毽子。因后妃们穿的衣服宽大，踢毽时很不方便，于是她
们都把大衣襟的下摆拉起来塞在腰搭上。她们有时比赛踢，有时对着踢，
越踢越高兴，有时会一直踢到进晚膳才肯罢休。光绪帝的瑾妃，就非常爱
踢毽子，"有时把毽踢到前殿匾额上，便叫宫女传来太监用竹竿弄下来，再
接着踢"。

抖空竹。清宫后妃冬季健身的活动之一。据清无名氏有一首《玩空竹》的诗写到："上元值宴玉熙宫，歌舞朝朝乐事同。妃子自矜身手好，亲来阶下抖空中。"空竹又称空中，圆形竹制，正中有一螺旋形颈。抖空竹人两手各持一细绳连接的短棍，将细绳套住空竹颈，双手抖动，由慢渐快。至疾转时空竹孔内发出嗡嗡的声音。随着空竹疾转，能做出许多优美的舞姿：鹞子翻身、飞燕入云、响鸽铃等等。

空竹

纵观清宫后妃的健身运动，都是以追求形体美为前提的。而这些运动的本身，又能充分体现女子身姿婀娜、体态轻盈、动作优美，因而在清宫内自始至终延续下来。

但是，在乾隆时期，也有个别宫中女子在皇帝的允许之下得到骑射锻炼的机会。

容妃，是新疆维吾尔族人，从小练就了一身骑射的本领。乾隆二十五年入宫后，即备受宠爱。乾隆帝东巡、南巡，她都随侍左右，故宫博物院藏《威弧获鹿图卷》画的就是她与乾隆帝两人骑马追逐射鹿的情景。

和孝公主，乾隆帝最宠爱的小女儿，称十公主，乾隆帝六十五岁时生。她聪明、伶俐，被视为掌上明珠，从小就培养她骑马、射箭。清礼亲王昭梿《啸亭杂录》载其"性刚毅，能弯十力弓。少尝男装随上较猎，射鹿丽龟，上大喜，赏赐优渥"。

骑射奔跑是全身运动，不仅活动腰腿，还对颈、肩、臂、胸、腹起到舒展的作用，无疑是锻炼形体美的一种运动。但是其余众多的宫中后妃、公主，是否有这种骑射锻炼的机遇，则未见记载。

清代后期讲究行步美

清代后期礼制进一步完善，后妃行动坐卧，要求"坐如钟、站如松"。此外从服饰、发式上，注定后妃走路、落座、请安、叩头等动作时身体不能随便弯曲，要求姿势笔直。后妃的发式在清代后期有一字头、如意头、大拉翅，脑后还插假发燕尾，头部的装饰很有分量，加上颈后燕尾紧护脖子，因此必须颈部挺直以支撑头部。满族妇女穿着的旗袍，非常宽大，清后期的氅衣则更为宽大。同时受封建礼教束缚，当时的女子要穿束胸，这都要求她们身躯平直。加之还要穿上那颇有特色的满族旗鞋，一般高 10 厘米左右，最高的有 15 厘米。元宝底的落地还较稳，但花盆底的鞋底下狭上宽，如花盆底敛口宽而得名，落地时脚心使劲，脚尖脚跟使不上劲，有点像踩高跷的味道，若要平平稳稳的走路，还得练着走，走习惯了才稳。后妃梳妆打扮，穿好衣服、鞋，要想走得典雅、庄重、稳健，就得挺直腰板，头不能随意摆动，不能跑跳，一步步行走，只有大拉翅一角挂的流苏微微地摆动，这样才能体现一种有涵养、有风度的自然美。

说到走步也有讲究，有莲步和云步。一般年轻女子走莲步，迈的步子小，

后妃花盆鞋

缓步行走。老年人走云步，迈的步子大些，缓慢地换腿，慢慢地行走。据说慈禧太后膳后散步，走的便是云步。

花盆底鞋是满族妇女的特色。我国古代汉族女子盛行裹足，大约从三四岁开始，就用长长的布条把脚裹上，使指骨弯折，成为尖尖的弓足，而裹得越小便认为越美。如果不裹足，"母以为耻，夫以为辱，甚至亲串里党传为笑谈，女子低颜自觉形秽，相习成风"。清入关之前，以游牧生活方式为主，女子裹足则于生产生活颇为不便。故崇德三年七月，皇太极下诏：有效关内裹足者，重治其罪。入关之后，仍沿袭满洲旧俗。顺治二年谕以后所生女子禁裹足。康熙三年又禁裹足。康熙六年，因民间女子未禁裹足，如果惩罚，牵涉面广，恐牵连无辜，无奈下令弛禁裹足，但是对八旗女子仍严禁裹足。

八旗女子是绝对不能裹足的。清入关后，规定三年选一次秀女，以满、蒙古、汉八旗，九至十三岁的女孩为待选对象，挑选入宫为妃或者为皇子选婚；一年一次于内务府所属上三旗包衣内选宫女。在挑选时，即有对脚的要求。嘉庆、道光、咸丰年间曾多次下谕旨，谕令满洲女子不准受汉族的服饰影响，更不能裹足。发现裹足者，不但不予入选，还要"唯父母是问"。不过八旗女子的天然之足，也为她们亭亭玉立的体形增添了几分姿色。

据《宫女谈往录》载：

> 旗下人虽然是天足，也并不放开了让脚随意扩张，用一句简练的话说，要底平趾敛，就是脚板要平，五个脚趾头要收敛一起，切记绝对不要大哥背二哥，若是二指叠在拇指上，将来穿鞋时，鞋前鼓起一个大包，多难看呀。底平不仅要求脚，更要求走路的姿势，既不许迈里八字，也不许迈外八字，里八字像罗圈腿，外八字容易腆肚子。旗下女人走路，要求舒胸收腹，展相大方，罗圈腿或腆肚子，多好的体形也淹没了。本来梳两把头，穿上旗袍，脚下花盆底的鞋，最容易走外八字步，走路腆肚子好像怀孕几个月似，多让人笑话呀？穿花盆底鞋，还要

白色绫画花蝶短袜

配上合适的布袜子，用慈禧的话说："对鞋，对袜子一点也不能委曲，稍微不合适就全身不舒服。"袜子的用料有白软缎的、白细布的。初剪左右两片，再将脚前、脚后两道合缝。缝合脚前的缝，要求剪裁技术非常高，穿起来不滚不跑才行。花盆底鞋脚尖和脚跟平坡上去，脚心处凸起，接触地面平稳，保持上身直立。

老宫女的一番叙述，可以见到清末后妃保持直立美的体形，一双脚显得很重要了。因此后妃很注重脚的保养，尤其是慈禧太后，用各种方法保养自己的芊芊玉足。

在储秀宫，把给老太后洗脚看成是很重要的事。洗脚水是极讲究的，三伏天，天气很热，又潮湿，那就用杭菊花引煮沸后晾温了洗，可以让老太后清眩明目，全身凉爽，两腋生风，保证不中暑气。如果属三九了，天气极冷，那就用木瓜汤洗，使活血暖膝，四肢温和，全身柔暖如春。当然根据四时变化、天气阴晴，随时加减现成的方剂。

在洗脚的同时，还要揉搓、按摩。这样既保护了脚，又通过药物的作用达到健身。

中药与养容、美容

第三章　中药与养容、美容

在中华文化遗产中，中医药学是一颗灿烂明珠，在数千年的历史发展过程中，以其独特的理论、深邃的思想、卓绝的疗效，积累了丰富的医疗、养身、美容诸方面的实践经验，许多既有史学价值，更有实际应用价值的医药典籍和文献档案，也流传至今。

清代宫廷医药学，是我国医学宝库中相当重要的组成部分。清宫设有太医院，他们的职责是服务于皇帝、后妃。御医必是理论实践皆丰富之士，且医学修养极佳，能于辨证论治，医技高明，方药稳妥。中国第一历史档案馆现存清宫太医院有关帝后"脉案""用药底簿""配方底本""御药房各项记录""医药配方"等，其数量之多、质量之优，可谓空前。清代宫中的医事情况，中医学术的发展，古方时方的应用，蕴藏有万千珍奇的财富。清朝晚期尤以慈禧太后、光绪皇帝的保健美容医案医方最多，这些医案的医理透彻、立方严谨，治病求本，经方时方俱用，内治外治并行，运用成方，多有化裁，颇具特色，弥为珍贵。

中药养容、美容的历史

如果追溯我国将中药用于养容、美容的历史，可以说是源远流长。历代皇帝对医药极为重视，他们有享不尽的荣华富贵，都想长生不老、永葆青春，达到美寿双全的目的，因此对保健美容的重视，可想而知，留下了许多的故事和药方。

源远的美容中药方

春秋战国时期，已经使用粉黛、胭脂、兰膏等美容化妆品，其制作原料多取自中药。秦汉以前抄写成书的古医方《五十二病方》中，收载了属于美容范围的面部除疣灭癍方剂。秦汉之际《神农本草经》的诞生，丰富了养容、美容的内容，记述了多种药物具有美容功效，如：白芷，"长肌肤，

长沙马王堆汉墓出土的帛书《五十二病方》

秦 药碾子

润泽颜色,可作面脂";白僵蚕,"灭黑黯,令人面色好";甘松香、白檀、白术、青木香,"可使人面白净悦泽"等。

晋代葛洪编著《肘后备急方》,将有关养容、美容的内容汇集在一起,列为一个专题,如:

"令面白如玉色方":

羊脂、狗脂各一升,白芷半升,甘草七尺,半夏半两,乌喙十四枚,合煎。以白器成,涂面,二十日即变,兄弟不相识,何况余人乎。

"老人令面光泽方":

大猪蹄一具,洗净,理如食法。煮浆如胶,夜以涂面。晓以浆水洗面,皮泽矣。

"治黑面方":

牡羊胆,牛胆,醇酒三升。合煮三沸,以涂面,良。

"人面无光润,黑黯及皱,常敷面脂方":

细辛、葳蕤、黄耆、薯蓣、白附子、辛夷、川芎、白芷各一两,栝蒌、木兰皮各一分，成炼猪脂二升。十一物切之，以绵裹，用少酒渍之。一宿，纳猪脂煎之，七上，七下，别出一片白芷，纳煎，候白芷黄色成，去滓。绞，用汁以敷面，千金不传，此膏亦疗金疮，并吐血。

"治面黯黑子"：

取李核中仁，去皮细研，以鸡子白和，如稀饧涂。至晚每以淡浆洗之，后涂胡粉。不过五六日，有神，慎风。

"治黯䵟斑点方"：

用蜜陀僧二两，细研，以人乳汁调，涂面，每夜用之。

"疗面上粉刺方"：

捣生菟丝绞取汁，涂之。不过三五上。

"面黑令白去黯方"：

乌贼鱼骨、细辛、栝蒌、干姜、椒各二两。五物切，以苦酒渍三日，以成炼牛髓二斤，煎之。苦酒气尽，药成，以粉面，丑人特异鲜好，神妙方。

"生眉毛方"：

用七月乌麻花，阴干为末。生乌麻油浸，每夜敷之。

"头不光泽，腊泽饰发方"：

> 青木香、白芷、零陵香、甘松香、泽兰各一分，用绵裹。酒渍再宿，内油里煎，再宿，加腊泽斟量硬软即火急煎。着少许胡粉胭脂讫，又缓火煎令粘极，去滓作梃，以饰发，神良。

"治发落不生，令长方"：

> 麻子一升，熬黑，压油，以敷头，长发，妙。

"发生方"：

> 蔓荆子三分，附子二枚，生用并碎之，二物以酒七升和。内瓷器中，封闭经二七日，药成。先以灰汁，净洗须发，痛拭干。取乌鸡脂揩，一日三遍，凡经七日。然后以药涂，日三四遍。四十日长一尺，余处则勿涂。

盛唐时期的美容秘方

唐代社会安定、经济繁荣，妇女对美容有了更新更高的要求。孙思邈的《备急千金要方》中有很丰富的记载，例如："澡豆洗手面方"由二十味中药制成，洗用后面容白净悦泽；"玉屑面脂方"由 33 味中药配制而成；"增白润面方"用 6 味中药组成；"洗面除䵟、悦泽润腻去皱方"用 15 味中药配制。以上美容方剂中，多用白芷、辛夷、细辛、藿香、芎藭、沉香、董陆香等芳香药物，在制剂中占有较重要的地位。护发、乌发药方在《备急千金要方》中亦多有记载。可见当时利用中药美容已较为普遍。

唐代王焘所著《外台秘要》中列有美容专卷，这些美容方剂与前期比较，药物配方趋向复杂、精细。调治的方法更加讲究，剂型多种多样，并出现

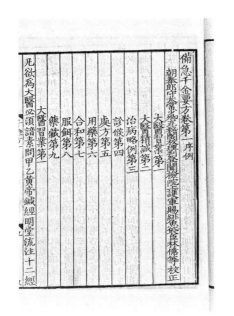

唐 孙思邈《备急千金要方》（清刻本）

了许多新的方剂。例如：

"面脂方"：

丁香（十一分）、零陵香、桃仁（去皮）、土瓜根、白蔹、白芨、防风、当归、沉香、辛夷商陆、麝香（研）、栀子花、芎藭（各十二分）、蜀水花、青木香（各八分）、白芷、葳蕤、菟丝子、藿香、甘松香（各十五分），木兰皮、白僵蚕、藁本（各十分），茯苓（十八分），冬瓜仁（十六分），鹅脂、羊髓（各一升半）、羊肾脂（一升）、猪胆（六具）、清酒（五升）、生猪肪脂（二大升），以上三十二味药，生猪胰汁，渍药一宿于脂中，煎三上三下，以白芷色黄，去滓，以上拌酒五升猪胰，以炭火微微煎，膏成贮器中，以涂面。此方主治面及皱皱、䵟黑皯。

"面膏方"：

杜衡、杜若、防风、藁本、细辛、白附子、木兰皮、当归、白术、独活、白茯苓、葳蕤、白芷、天门冬、玉屑（各一两），菟丝子、防巳、商陆、栀子花、橘仁、冬瓜仁、靡芜花（各三两），藿香、丁香、零陵香、甘松香、青木香（各二两），麝香（半两），白鹅脂。（如无半上三十二味药，先以水浸膏髓等五日，日满别再易水，又五日，日别一易水，又五日，二日一易水，凡二十日止，以酒一升，羊胰全消尽，去脉，乃细切香，于器中浸之，密封一宿，晓以诸脂等合煎，三上三下，以酒水气尽为候，郎以绵布绞去滓，研之千遍，待凝乃止，使白如雪每夜涂面，昼则洗却，更涂新者，十日以后，色等桃花。

"千金面膏"：

青木香、白附子、芎藭、白蜡、零陵香、白芷、香附子（各二两），茯苓、甘松（各一两），羊髓（一升半炼之），上十味，以酒水各半升，渍药经宿，煎三上三下，候酒水气尽，膏成，去滓，收贮任用，涂面作妆，皆落。去风寒令面光悦，耐老去皱。

"千金翼面药方"（洗面药）：

朱砂（研），雄黄、水银霜（各半两），胡粉（二两），黄鹰屎（一升），上五味合和，洗净面夜涂。以一两霜和面脂令稠如泥。先于夜欲卧时以澡豆净极洗面，并手干拭，以药涂面，浓薄如寻常涂面浓薄，及以指细细熟摩之令药与肉相入，乃卧，一上经五日五夜勿洗面止，就上作粉即得要不洗面至第六夜，洗面涂一如前法，满三度涂洗更不涂也，一如延年洗面药方。

"千金翼令面生光方"：

密陀僧以乳煎涂。面郎生光。

"千金疗面黑不白净方"：

白藓皮、白僵蚕、芎藭、白附子、鹰屎白、白芷、青木香、甘松香、白术、白檀香、丁子香（各三分），冬瓜仁（五合）、白梅（二十七枚去核），瓜子（一两），杏仁（三十枚去皮），鸡子白（七

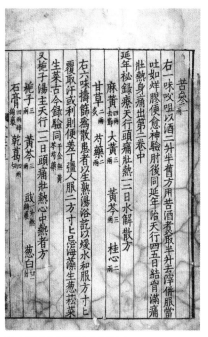

唐　王焘《外台秘要》（宋刻本）

枚），大枣（三十枚去核），猪胰（三具），白面（三升），麝香（二分研）。

上二十味：先以猪胰和面暴晒令干然后合诸药捣筛，又以白豆屑二升为旦用洗面手，十日以上太白神验。

"令人面白似玉色光润方"：

羊脂、狗脂（各一升），白芷（半升），乌喙（十四枚），大枣（十枚），麝香（少许），桃仁（十四枚），甘草（一尺炙），半夏（半两洗），上九味合煎，以白芷色黄去滓涂面，二十日即变，五十日如玉光润妙。

"澡豆令人洗面光润方"：

白解皮、鹰屎白、白芷、青木香、甘松香、白术、桂心、麝香、白檀香、丁子香（各三两），冬瓜子（五合），白梅（三七枚），鸡子白（七枚），猪胰（三具），面（五升），上十七味，以猪胰和面曝令干，然后诸药捣散，和白豆末三升，以洗手面，十日如雪，三十日如凝脂，妙，无比。

"崔氏澡豆悦面色如桃花，光润如玉，急面皮去䵟黷粉刺方"：

白芷（七两），芎藭（五两），皂荚末（四两），葳蕤、白术（各五两），蔓荆子（二合），冬瓜仁（五两），栀子仁（三合），栝蒌仁（三合），荜豆（三升），猪脑（一合），桃仁（一斤去皮），鹰屎（三枚），商陆（三两细锉）。上十四味，诸药捣末，其冬瓜仁、桃仁、栀子仁、栝蒌仁别捣如泥，其猪脑、鹰屎合捣令相得，然后下诸药，更捣令调，以冬瓜瓤汁和为丸，每洗面，用浆水，以此丸当澡豆用讫，敷面脂如常妆，朝夕用之，亦不避风日。

"千金翼备急作唇脂方"：

蜡（二分），羊脂（二分），甲煎（一合须别作自有方），紫草（半分），朱砂（二分），上五味，于铜锅中微火煎蜡一沸，下羊脂一沸，又下甲煎一沸，又纳紫草一沸，次朱砂一沸，泻着筒内，候凝任用之。

因方中有蜡和羊脂，不仅起护肤作用，还可以使唇滋润光亮，是唐代时妇女美容化妆佳品。

"千金生眉毛方"：

炉上青衣、铁生（分等）。上二味，以水和涂之，即生甚妙。

又方：

七月乌麻花阴干，末生乌麻油，二味和，涂眉即生妙。

"主秃方"：

取三月三日桃花开口者，阴干，与桑椹等分，捣末以猪脂和，以灰汁洗后，涂药搓。

又方：

柳细枝（一握取皮），水银（大如小豆），皂荚（一挺碎）。上三味，以醋煎如饧以涂之。

"发落生发方"：

大黄（六分），蔓荆子（一升），白芷、防风、附子、芎䓖、莽草、辛夷、细辛、椒、当归、黄芩（各一两），马鬐膏（五合）、猪膏（三升）。上十四味煎之，以白芷色黄，先洗后敷之验。

"长发方"：

多取乌麻花，瓷瓮盛，密盖封之，深埋之百日，出以涂发易

唐人绘《宫乐图》

长而黑妙。

"发白及秃落，茯苓术散方"：

    白术一斤，茯苓、泽泻、猪苓（各四两），桂心（半斤），上五味捣散，服一刀圭，日三食后服用，三十日发黑。

"染发方"：

    胡粉（一分），白灰（一分）。上二味，以鸡子白和，先以泔浆洗令净，后涂之，即急以油帛裹之一宿，以澡豆洗却，黑软不绝甚妙。

"染白发方"：

    拣细粒乌豆（四升），上一味，以醋浆水四斗煮，取四升，去却豆，以好灰汁净洗发，待干，以豆汁热涂之，以油帛裹之，经宿开之，待干，以熊脂涂揩，还以油帛裹，即黑如漆，一涂三年不变，妙验。

宋代的美容方

宋代在大型方书《太平圣惠方》和《圣济总录纂要》等书中，记载当时的美容方剂，更臻完备。

"杏仁膏"：

    治面黯䵟，涂之令面白润泽。杏仁（去皮尖双仁一两半）、雄黄（一两）、瓜子（一两）、白芷（一两）、零陵香（半两）、白

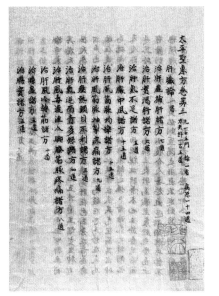

宋太宗敕撰《太平圣惠方》（日本江户时代抄本）

蜡（三两）。右六味药除白蜡外并入乳钵中研极令细，入油半斤，并药，内锅中以文火煎之，候稠凝，即入白蜡又煎搅匀，内瓷盒中，每日，先涂药后敷粉，大去黑黯。

面黑黯为点状，如鸟麻斑，如雀卵，稀则棋布，密则不可容针，皆由风邪容于皮肤，使人面目黧黑。

"白芷膏方"：

治面黑黯。用白芷、白敛（各三两）、白术（三两半）、白芨、细辛（三两）、白茯苓（一两半）、白附子（一两半）。右七味捣罗为末.用鸡子白搅和匀.丸如弹子大，盛瓷盒内，每晚入睡前先洗面，后取一丸以药水研化涂面上，明旦并华水洗之，不过七日大效。

"白敛膏涂方"：

治面粉皱。白敛、白石脂、杏仁（去皮尖双仁研各半两）。三味捣罗为末，更研极细，以鸡子白调和稀稠得当，盛放瓷盒内，每日睡觉前涂面上，明日清晨，以井水洗净即可。

面皱即粉刺，如小米粒大小，是由于肤腠受于风邪搏于津脉之气，因虚而作。

"辛夷膏方"：

　　治面上瘢痕。辛夷（一两）、鹰屎白、杜若、细辛（各半两）、白附子（三分）。共五味除鹰屎白外并剉碎，以酒两盏浸一宿，别入羊髓五两，银石锅中以文火煎，得所去渣，将鹰屎白研成粉状放入锅中搅匀，再以微火暖，药即成。放入盒中，每日涂三次。无论内伤生疮或外伤碰撞所致痕疤，都可涂用，但用时以避风为好，效果极佳。

"麦麸散"：

　　治面瘢防凸起。秋冬以小麦、春夏以大麦麸，捣为散酥和，傅封瘢防上。

"地黄丸"：

　　乌髭发。生地黄汁（一斤）、生姜汁（五合）、巨胜子、旋复花、熟干地黄、干椹子各（二两）。共六味除二味汁外，捣罗为末，先将前二味用银器煎熟看稀稠将药末放入和丸，如弹丸大，每服夜饮酒半酣后含化一丸。

"五味子膏方"：

　　治白秃落发。五味子、肉苁蓉、松脂、蛇床子、远志（各三两）、雄黄（研）、鸡粪白、雌黄（研）、白蜜、菟丝子（五两）以酒浸一宿（各一两）、猪脂（二升）。共十一味先将草药捣罗为末，次将石药及鸡粪白再研令如粉，下猪脂，松脂入锅中同熬，化复下诸药文火煎，稀稠得所，后以棉滤去滓，盛于瓷盒内，每次用

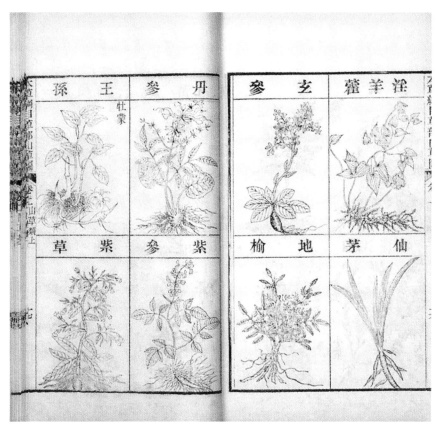

明 李时珍《本草纲目》（清刊本）

时先以桑柴灰汁洗净头发，后涂药，不过三次，发落生。

元明清时期的美容方

元代的《御药院方》和明代的《寿世保元》等医书中同样载有较丰富的美容药方，如"御前洗面药""德州香皂"等属芳香性中药为主的美容洗涤用品。《本草纲目》中也不同程度地保存了古代的宫廷秘方，并汇集了明代以前的美容方剂。

中国传统医学延续到清代以后，在清代的两百多年中，又有了较大的发展。从医学理论上进一步探讨，使养容美容医方，达到了新的科学水平。

清代官修医书《医宗金鉴》，内容分多科心法要诀，论述各科疾病的诊断、辨证、治法、方剂等，简明扼要、切合实际，并将各科病症，编成歌诀，便于记忆。在外科心法要诀中，有不少关于养容、美容的医方。例如：

"时珍正容散"：

猪牙、皂角、紫背、浮萍、白梅肉、甜樱桃枝（各一两）、焙干，兑入鹰粪白三钱，共研为末，每早晚用少许，在手心内，水调浓搓面上，良久以温水洗面。用至七、八日后，其斑皆没，神效。

（方歌）正容散洗雀斑容，猪牙皂角紫浮萍，白梅樱桃枝鹰粪，研末早晚水洗灵。

"犀角升麻丸"：

犀角（一两五钱）、升麻（一两）、羌活（一两）、防风（一两）、白附子（五钱）、白芷（五钱）、生地黄（一两）、川芎（五钱）、红花（五钱）、黄芩（五钱）、甘草（生，二钱五分），各研细末，和均，蒸饼为小丸，每服二钱，食远临卧用茶清送下。

（方歌）犀角升麻油雀斑，黯黵靥子亦能痊，犀升羌防白附芷，生地芎红芩草丸。

"水晶膏"：

矿子石灰水化开，取末五

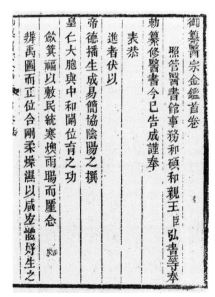

《医宗金鉴》（清刻本）

钱，又用浓碱水多半茶钟，浸于石灰末内，以碱水高石灰二指为度。再以糯米五十粒，撒于灰上，如碱水渗下，陆续添加，泡一日一夜，冬天两日一夜，将米取出，捣烂成膏。挑少许点于痣上，不可太过，恐伤好肉。

黑痣生于面部，形如霉点，小者如黍，大者如豆，比皮肤高起一线。宜用线针挑破，以水晶膏点之，三四日结痂，其痣自落。

（方歌）水晶膏能点黑痣，碱水浸灰入糯米，一日一夜米泡红，取出捣膏效无比。

"玉容散"：

白牵牛、团粉、白蔹、白细辛、甘松、白鸽粪、白芨、白莲蕊、白芷、白术、白僵蚕、白茯苓（各一两），荆芥、独活、羌活（各五钱）、白附子、鹰条白、白扁豆（各一两），防风（五钱）、白丁香（一两），共研末，每用时少许，放手心内，以水调浓搽搓面上，良久再以水洗面，早晚日用二次。

（方歌）玉容散退黧奸黯，牵牛团粉敛细辛，甘松鸽粪芨莲蕊，芷术僵蚕白茯苓，荆芥独羌白附子，鹰条白扁豆防风，白丁香共研为末，早晚洗面去斑容。

此症一名黧黑斑，初起色如尘垢，日久黑似煤形，枯暗不泽，大小不一，小者如粟粒赤豆，大者似莲子、芡实，或长、或斜、或圆，与皮肤相平。由忧思抑郁，血弱不华，火燥结滞而生于面上，妇女多有之。宜以玉容散早晚洗之，常用美玉磨之，久久渐退而愈。

慈禧太后的养容、美容医方

清代宫廷中设有太医院和御医，他们的职责在于为帝王、后妃的健康负责，更要为后妃们的健康、美容绞尽脑汁，使她们达到美寿双全。御医们学习、总结了千百年的经验，重视利用中药方剂美化她们的容貌。从现存清宫医案、脉案等档案中整理出部分直接或间接关于养容、美容的医方，特别是统治清朝政权近五十年的慈禧太后，所用嫩面、润肤防皱、增白、乌发的养容、美容中医方，十分珍贵。

外用美容医方

慈禧太后一生，极重视化妆美容，将化妆列为她生活的主要内容。起床后的第一件大事就是化妆，涂抹面粉和胭脂。每日睡觉前，宫女必须做的事情是伺候她在脸上搽花汁、鸡蛋清，保养和滋润面部皮肤，使之光润。此外，她十分重视借助于中药的作用养容、美容。慈禧皮肤不白，肤质不细，面部常患有黧黑斑、黑痣等。为了讨好她，御医们绞尽脑汁，拟出了许多化妆美容医方。

光绪四年九月二十一日，御医庄守和谨拟"沤子"方：

> 白牵牛六钱、防风一两、白芷一两、姜蚕一两、三柰一两、茯苓一两、白芨八钱、白附子六钱。共研粗渣，烧酒二斤将药煮透去渣，兑冰糖四两、白蜜一斤合匀候凉，再兑冰片五分、朱砂面三分搅匀，装瓷瓶内收用。

"沤子"为化妆美容的代称。据司马相如《上林赋》："芳香沤郁，酷烈淑郁。"可佐证"沤子方"即为嫩面美容方。此方的配制，除用八味中药外，加用白蜜，更有滋养濡润肌肤的功效。

慈禧太后

光绪六年三月十二日，御医李德立、庄守和、李德昌拟得"玉容散"方：

　　白芷、白牵牛、防风、白丁香、甘松、白细辛、三柰、白莲蕊、
白敛、白僵蚕、白芨、鹰条白、檀香，鸽条白、团粉、白附子各一两。
共研极细面，每用时少许，放手心内，以水调浓，搽搓面上良久，
再用热水洗净，一日二至三次。

此方中，白芨为美容要药，可滋润肌肤，祛除浊滞，治疗"面上黵疱"，效果甚好。白芷，气味芳香，润泽面肤颜色，可作面脂。白牵牛，《本草正义》中张山雷说："此物甚滑，通泄是其专长。对于面黑、雀斑或粉刺等，气血失于流畅所导致的疾病，本品性滑，又能润泽肌肤，起到护肤的作用。"白丁香，麻雀的粪，以雄雀粪最好，可去面上雀斑、酒刺。鹰条白，鹰粪，可防皱灭痕，善于去掉各种疙瘩，不留痕迹。

据说慈禧太后用过"玉容散"后，常用白玉石与玛瑙制作的、极精致的太平车（按摩器）在脸上滚来滚去，以舒通血脉，伸展皱纹。

慈禧太后日常还喜欢用"藿香散"：

> 广明胶七钱、藿香叶一两、糯米一斤、白丁香七钱、零陵香一两、皂角一两、香白芷二两、檀香一两、龙脑二钱半、沉香一两、丁香七钱。
>
> 配制方法：广明胶碎，炒如珠，皂角去皮、子，炙，龙脑另研，上为细末，以上各味药和匀，即可成方。每日如常使用，洗净手面，能使脸面白净。

玛瑙按摩器

　　此方汇集七种香药作为主药，因为香药能通行经脉，走气入血，无孔不入，可以把体内或体表的垢浊祛逐。其中藿香叶为化湿药，能除黯黵；香白芷为祛风药，善治面黯疵瘢，润泽颜色；零陵香为辟秽药，能香肌肤；檀香为行气药，可治面生黑子；龙脑（冰片）为开窍药，可治风疮黯黵；沉香为降气药，去皮肤瘙痒；丁香为温中药，可增白除黯；白丁香（雄雀屎）善于去面上雀斑、酒刺；皂角可去皮肤风湿；糯米补中益气，能充养皮肤；广明胶即黄明胶，系用牛皮煎熬而成，能滋养皮肤，增强皮肤的抵抗力。以上诸药综合起来，发挥芳香的总功效，可以化湿、辟秽、理气，各具养容美容特长，可润肤香肌，去黯变白，保持青春活力。

　　人到中年以后，皮肤变薄、弹性降低，逐渐老化，血液循环不如年轻时旺盛，所以皮肤易变灰黄。体内黑色素增加，有些人脸上开始出现雀斑等。同时由于皮肤弹性降低，导致了皱纹的形成。慈禧太后每日都注意自己面容的变化，当从梳妆台的镜面照出自己脸上的皱纹好像多了些，马上加用"栗散"，这是《新修本草》上的秘方。栗即栗子的内皮，将当年产的头等板栗，取其内皮，研极细面，用蜜调和涂抹上。经常用此方，能使脸面光洁，皱纹舒展，是不可多得的皮肤防老、抗皱美容良药。

　　人的皮肤直接与外界接触，容易沾染脏物，加上脱落的表皮碎屑、分泌的皮脂，形成污垢，妨碍皮肤的正常新陈代谢，使皮肤容易粗糙衰老，御医们选用多种中药，精心配制了"加味香肥皂"，供慈禧太后御用。

象牙雕镜奁

　　檀香三斤、木香九两六钱、丁香九两六钱、花瓣九两六钱、排草九两六钱、广零九两六钱、皂角四斤、甘松四两六钱、白莲蕊四两六钱、山柰四两八钱、白僵蚕四两八钱、麝香八钱，另兑冰片一两五钱。共研极细面，红糖水和，每锭重三钱。

选用中药配制香肥皂，是清代宫廷御医的杰作，香肥皂具有去污、辟秽、除油腻等作用，用后还能留下清雅持久的幽香。中药香皂能改善皮肤营养、有延缓皮肤衰老、润肌护肤、嫩面玉容的功效，对皮肤瘙痒症或慢性皮炎也有一定的防治作用。

《本草纲目》载"白旃檀涂身"，具有清爽、滑润、香味隽永的效果，因而各种檀香皂，多属香皂中的上等品。其他诸药，又有行气通络、祛风散寒、消炎等作用，因此深受慈禧太后的喜欢。这种加味香肥皂，慈禧太后不仅自己使用，还用来作为赏赐的珍品。其中，赏给她的贴心总管李莲英即多达一百锭。

内服养容方剂

慈禧太后虽然过着锦衣玉食的生活，每日使用多种美容医方化妆，但从面部表情和精神状态看，还是有些衰老，脸上只有粉脂，却没有健康的光泽。据光绪六年《慈禧太后脉案》记载，有"心脾气血不足、肝郁不畅、脾胃虚弱、月经不调等症"。经御医研究，一致认为，应用中药服剂调理内经脏腑、补气血、舒肝、健脾，以养容为主，因气血乏源，面肤失荣，滋阴补血后，阴血得到补充，皮肤营养充足，脸色自然会红润细嫩。

光绪六年正月十八日，御医李德昌拟"延龄益寿丹"：

茯神五钱、远志肉三钱、杭白菊四钱（炒）、当归五钱、党参四钱（土炒焦）、黄芪三钱（炒焦）、野白术四钱（炒焦）、茯苓五钱、橘皮四钱、香附（炙）四钱、广木香三钱、广砂仁三钱、桂圆肉三钱、枣仁（炒）四钱、石菖蒲三钱、炙甘草二钱。

慈禧寿药房药柜

共研极细面，炼蜜为丸，如绿豆大，朱砂为衣，每服二钱五分，白开水送下。

此方营养肌肤，能使面色白皙润泽，是养颜的良方。

光绪六年二月初五日，进"长春益寿丹方"：

天冬（去心）、麦冬（去心）、大熟地（不见铁）、山药、牛膝、大生地（不见铁）、杜仲、山萸、云苓、人参、木香、柏子仁（去油）、五味子、巴戟以上各二两，川椒（炒）、泽泻、石菖蒲、远志以上各一两，菟丝子、肉苁蓉以上各四两，枸杞子、覆盆子、地骨皮以上各一两五钱。以上各味药，共研极细面，炼蜜为丸，如梧桐子大，初服五十丸，一月后加至六十丸，百日后可服八十丸，便有功效，每早空心以淡盐汤送下。

丸药模子

本方由《寿亲养老新书》中"神仙训老丸""杨氏还少丹"加减而成。据《永乐大典》记载："昔有宣徽使在钟南山，路边见村庄有一妇人，年方二八，持杖责打一老儿，年约百岁。宣徽驻车令问何故？妇人至车前云：'此老儿是妾长男。'宣徽怪之，下车问其仔细。妇人云：'适来责此长男，为家中自有神药，累训令服，不肯服，至今老迈，鬓发如霜，腰曲头低，故责之。'宣徽因恳求数服，并方以归。"定名"神仙训老丸"。认为"常服延年益寿，气力倍常，齿落再生，发白再黑，颜貌如婴儿"。此说与他书所记枸杞之故事如出一辙，此方作为补益健身药是可信的。"长春益寿丹"又加入天冬、麦冬、巴戟、人参等药，故对治疗慈禧太后体衰、面容不泽，有较好的疗效。

光绪八年十一月二十六日，御医庄守和、李德昌、王应瑞谨拟"保元益寿丹"：

人参三钱、炒于术三钱、茯苓五钱、当归四钱、白芍（炒）二钱、干地黄四钱、陈皮一钱五分、砂仁一钱、醋柴一钱、香附（炙）二钱、桔梗二钱、杜仲（炒）四钱、桑枝四钱、谷芽（炒）四钱、薏米（炒）五钱、炙草一钱。共研极细面，每次用一钱五分，老米汤调服。

"五芝地仙金髓丹"：

　　人参二两、生于术二两、云苓三两、甘菊二两、枸杞二两、大生地六两、麦冬三两、陈皮二两、葛根二两、蔓荆子二两、神曲三两。以上十一味药共研为细面，蜜丸如绿豆大。每服三钱，白开水送服。

　　此丹益气生津、调中进食、轻身益气、不老延年，服百日后，五脏充实肌肤润泽。《神农本草经》载："久服轻身不老。"此药与慈禧太后病症相合，可补虚扶正，固本祛疾，延缓衰老。太医院配方中，对本方方义的分析为"夫人心藏血，肾藏精，脾为万物之本"。精血充实、脾健壮，则发不白，容颜不衰，延年益寿，百病不生。

银人参药铫

　　人参是中国传统治病、养容的名贵药材，在清代宫廷中，应用极为广泛，现存清宫医药档案中，关于人参的记载和使用甚为多见。太医院使用人参的经验也非常丰富，对使用剂量的控制较为科学。一般长期服用时，剂量都不大，每日约嚼化一钱。人参具有大补元气的功用。古人说："元气起于肾，上及于肺。"此药为虚劳内伤第一药，凡一切气血津液不足之症，皆可应用。慈禧太后气血两亏，需要大补元气，滋阴补血，阴血得到补充，皮肤的营养充足，脸色自然红润，面肤光泽而有弹性。

　　据《药房底档》载：

　　　　光绪二十七年九月奏，寿康宫药房首领荣八月陆续领取，自二十六年十一月二十三日起至二十七年九月二十八日止，计三百三十一天，共用嚼化人参二斤一两一钱。今问得荣八月，慈禧皇太后每日嚼化人参一钱，按日包好，俱交总管郭永清，太监秦尚义伺候。谨此奏闻。

　　为了保证慈禧太后每日服用人参，光绪帝每日向慈禧太后请安时，都要检查一下人参是否够用。可见，慈禧太后对嚼化人参的重视。

生发护发秘方

　　慈禧太后对面部皮肤美非常重视，但她更注意保护自己的头发，以保证其发美。慈禧太后年轻时丰容盛赅，天生一头美发，乌黑可鉴。平时饬宫女梳髻，常牵掣致痛，有时掠断数茎，慈禧太后都心痛不已，甚至凤颜大怒。后改由总管李莲英独门功夫梳妆后，便不再有此患。

　　在梳理时，为能使头发光亮，特用御医李德昌拟得外用抿头药方：

　　　　香白芷三钱、荆穗三钱、白僵蚕二钱炒、薄荷一钱五分、藿香叶二钱、牙皂二钱、零陵香三钱、菊花二钱。以上诸药共以水熬，兑冰片二分。边梳头边抿用于发上，梳理后头发显得乌黑发亮。

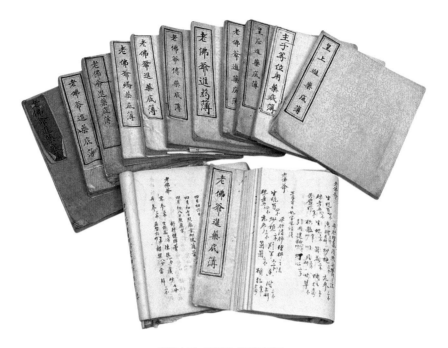

慈禧太后、光绪帝"进药底簿"

　　随着年龄的增大，加之身体有病，肾精衰，气血虚，或头脂过多，头发会自然脱落。中医认为："肾之华在发，发为血余。"《诸病源候论》载："若血盛则荣于须发，故须发美；若血气衰弱，经脉虚竭，不能荣润，故须发秃落。"御医根据慈禧太后的具体情况，施从补肾、养血、活血、祛风之方，加用"令发不落"方。选用"榧子三个、核桃二个、侧柏叶一两"，共捣烂，泡在雪水内，梳头时沾用，可以起护发的作用。

　　晚上睡觉前由宫女伺候，在头发上涂"发落再生"药，其配方为：

　　　　合欢木灰二合、墙衣五合、铁精一合、水萍末二合。共研极
　　细面，拌匀。用桂花油调涂，一夜一次。此方久用，可使头发再生，

永保厚发，增加头式美。

为养发护发，慈禧太后常以"菊花散"洗头，其配方为：

甘菊花二两、蔓荆子、干柏叶、川芎、桑根、白皮、白芷、细辛、旱莲草各一两。将诸药共研成粗末，使用时加浆水煮沸，去渣。

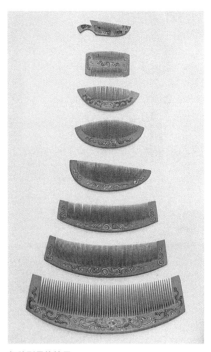

各种型号的梳子

"菊花散"可使头发柔顺、光亮，起护发作用。

在宫廷中还传有生发秘方，用桑叶、麻叶煮水，过滤后使用。据说洗七次，头发可长数尺。此说法过于夸张，但从这两味中药分析：桑叶能祛风清热、凉血明目。《本草纲目》载："桑叶治劳热咳嗽、明目长发。麻叶有解毒的作用。"此方在宫廷中普遍使用，可见必然是有一定的效验。

"香发散"是慈禧太后十分喜欢的香发药，经常使用。其配方为：

零陵草一两、辛夷一两、玫瑰花五钱、檀香六钱、川锦纹四钱、甘草四钱、粉丹皮四钱、山柰三钱、公丁香三钱、细辛三钱、苏合油三钱、白芷三钱。以上共为细末，用苏合油拌匀，晾干再研细面，用时掺匀涂发上，用篦子反复梳理。

此散药性温、香气厚，辟秽与温养并重，即可香发又可防白。

养目明目诸方

俗话说眼睛是心灵的窗户，容貌是否漂亮与眼睛有很大关系，谁不想拥有一双炯炯有神的眼睛。当然，生来的精神，只是良好的基础，后天的养护也非常重要。慈禧太后的眼睛养护得如何呢？中年以后，慈禧太后就经常受各种眼病的困扰，不但病痛，而且影响面容美，使她无法忍受。御医为慈禧太后的眼疾冥思苦想，配制了多种方剂。

光绪十三年五月十八日，御医杨际和拟"避瘟明目清上散"闻药方：

南薄荷五钱、香白芷五钱、川大黄六钱、贯众一两二钱、大青叶一两二钱、珠兰茶一两二钱、降香四钱、明雄黄三钱（水飞）、上朱砂二钱、上梅冰片一钱。先将前九味药研极细末，兑冰片，再研至无声。

此方是闻药，可芳香避瘟，清热解毒，专治风热上壅、目赤肿痛、畏光羞明，疗效甚好。

"菊花延龄膏"：

瓷罐装黄连羊肝丸

鲜菊花瓣，用水熬透，去滓再熬浓汁，少兑炼蜜收膏，每服三至四钱，白开水送下。

此药加蝉蜕末，对于治眼翳，有特殊疗效。

慈禧太后左目黑睛突起白点，形似浮翳，时觉涩痛。其发病原因，是由肝经火郁，湿热上蒸所致。

"抑火清肝退翳汤"：

　　羚羊角一钱半、木贼三钱、蒺藜三钱、青皮三钱（片）、泽泻二钱、蒙花二钱、蛇蜕一钱半、石决明三钱（生研）、防风二钱、甘草一钱。

此方主治眼翳。《本草求真》中称其为"去翳明目要剂"。

御医张仲元谨拟"明目延龄丸"：

　　霜桑叶二钱、菊花二钱。共研极细末，炼蜜为丸，如绿豆大。每服二钱，白开水送服。

此方专治风火眼痛目赤，头痛。可配白蒺藜治肝阳上亢、两目昏花。御医姚宝生谨拟又方：

　　霜桑叶二钱、甘菊二钱、羚羊尖一钱五分、生地二钱、女贞子二钱研、蒙花一钱五分、生牡蛎二钱、泽泻一钱、生杭芍一钱五分、枳壳一钱五分炒。共研细面，炼蜜为小丸，每服二钱，白开水送下。

此方加用羚羊尖，治疗肝火炽盛之目赤更为适宜。《本草纲目》载：羚羊角入厥阴肝经，可平"目暗障翳"。

"洗眼药方"：

　　蔓荆子三钱、荆芥二钱、蒺藜二钱、冬桑叶二钱、秦皮一钱。以上各味药放在一起煎汤，热洗。

此方可疏散风热、清肝明目。用于外感风热、风火目痛，是外用良方。

御医张仲元、姚宝生谨拟老佛爷"明目方"：

甘菊三钱、霜桑叶三钱、银花三钱、薄荷三分、黄连八分（研）、夏枯草三钱。诸药共合，用水煎去滓，熏洗眼睛。

"水煎熏洗"有利于促进局部血液循环及眼部炎症的吸收。

"明目除湿浴足方"：

甘菊三钱、桑叶五钱、木瓜五钱、牛膝五钱、防己四钱、茅
术五钱、黄柏三钱、甘草三钱。

明目除湿浴足方，是一种较为特殊的外治法，属上病下治，有疏风清热明目、止痒胜湿的功效。同时对足部下焦湿热之症，有较显著的疗效。

以上列举的为慈禧太后治疗各种目疾的医方，几乎大部分处方中都用

银熏眼药锅

菊花。一般认为黄菊花味苦，宜用于风热目赤肿痛；白菊花味甘，长于平肝明目，多用治肝阴虚、肝阳亢之眼昏目眩等症。在历代方书中，以菊花为主药治疗眼疾的药方，比比皆是，如《太平惠民和剂局方》中菊睛丸，《证治准绳》中菊花决明散等。

菊花在中国颇受重视，《神农本草经》中记载："久服利血气，轻身耐老延年。"《荆楚岁时记》："饮菊花酒，令人长寿。"《医学正传》卷之一有这样一段记载："日菊英水者，蜀中有长寿源，其源多菊花，而流水四季皆菊花香，居人饮其水者，寿皆二三百岁，故陶靖节之流好植菊花，日采其花英浸水烹茶，期延寿也。"

在清代宫廷所用中药之中，菊花也占重要地位。御医们曾为慈禧太后的眼病设计出"菊花延龄膏""明目延龄丸"。之所以常以"延龄"冠之方名，因慈禧太后已是高龄，御医拟此方名，有取悦慈禧太后梦想"万年长寿"之意。

固齿护齿良方

在慈禧太后的医方中，还有许多预防齿病和固齿的药方。其剂型有散剂、煎剂、膏剂等，用法有外擦、漱口、贴敷之别。

牙齿的好坏攸关人的健康，若生有齿病，进食咀嚼的功能减弱，会影响身体对营养的吸收；如有齿落、齿色黄、牙龈炎等齿疾，极影响面部的美观。慈禧太后自然对牙齿保健及牙病防治十分重视。

光绪六年十一月初一日，御医李德立、庄守和为慈禧太后拟"固齿刷牙散"：

> 青盐、川椒、旱莲草各二两，枯白矾一两，白盐四两。先以旱莲草、川椒水煎去滓，得汁一茶盅，拌盐、矾内，炒干，共研极细面，用来擦牙，漱口，永无齿病。

中医认为，"牙齿属肾""齿龈属胃肠"。方中旱莲草可滋补肾阴，适于

戢子

肝肾阴虚、头发早白及牙齿松动等。所含鞣质且有收敛止血作用，白矾酸
涩收敛、抗菌燥湿，有解毒的作用。

光绪二十二年七月初二日，春海交下为慈禧太后用的"固齿秘方"：

> 生大黄一两、熟大黄一两、生石膏一两、熟石膏一两、骨碎
> 补一两、银杜仲一两、青盐一两、食盐一两、明矾五钱、枯矾五钱、
> 当归身五钱，以上共研为细末，每早起先以此散搽牙根，然后净脸，
> 净毕用冷水漱吐。

方中大黄、石膏、盐、矾，皆具有解毒凉血的作用；骨碎补、银杜仲
为补肾的良药。此方养血补肾、杀虫解毒，对夹胃火牙痛，尤为有效。据
原方后有一跋曰："是方为余家秘传，自先曾祖以来，均搽此散，年届古稀，
终龄不屈一齿，且无疼痛之患，亲友中得此方者，亦如之。现家慈年已八旬，
齿牢固毫无动摇，询神也，吾乡已抄传殆遍，近口益多过而问者，用特刊
布以公诸世云。甲申夏月，江右黄幼农谨跋。"可知此方对固齿、护齿具有
较好的疗效。

光绪二十八年五月二十八日，继禄谨拟慈禧太后"擦牙根方"：

> 骨碎补一两、黑桑葚子五钱、食盐五钱、胡桃八钱、炭面一两，共研极细面，搽敷牙根。

此方为保健医方。

如果人的牙齿发黄色不洁白，不但影响美容，使对方的感觉也很不舒服。

"仙方地黄散"专治牙齿黄色不白，其配方为：

> 猪牙皂角、干生姜、升麻、槐角子、生干地黄、木律、华细辛、旱莲、香白芷、干荷叶（各二两），青盐（另研一两）。每用少许刷牙，蘸药刷牙，合口少时，有涎即吐，然后用温水漱口，早晨临卧用。常用令牙齿莹白，涤除腐气，牙齿坚牢，龈槽固密，黑髭鬓。

光绪三十一年十一月初九日，御医张仲元、姚宝生为老佛爷拟"明目

铜杵臼

固齿方"：

> 海盐二斤（拣净），以百沸汤泡，将盐化开，滤取清汁，入
> 银锅内熬干，研成细面，装瓷盒内。每早用一钱擦牙，以水漱口，
> 治齿龈出血、牙痛。用此方洗两眼大小眦内，闭目良久，再用
> 水洗面，可明目，极为神妙。

《本草衍义》谓："齿缝中多血出，常以盐汤漱，即已。益齿走血之验
也。"据现代药理研究，以盐水漱口，在现代临床，作为预防或治疗牙病常
用的简易方法之一。

慈禧太后的美容医方

现存的后妃画像中，我们看到过不少慈禧太后的画像，虽然经过宫廷
画师美化，也算不上什么倾城之貌，但是她非常爱美。慈禧太后自青年入
宫，到晋升为皇太后的中老年，爱美之心始终不减，日常除宫内供她使用
的化妆品外，她还亲自参与研制。每天早中晚，要在化妆上消磨几个小时，
她常说："一个女人，没心肠打扮自己，那还活什么劲儿？"在她的寝宫里，
最心爱的东西，就是梳妆台上的化妆品和盛有珠宝首饰的提匣。

咸丰十一年辛酉政变以后，随着地位的不断提高，为了显示其权势、
威严和富贵，慈禧太后更加注意面容仪表之美。当时，慈禧太后年近五十
岁左右，常年患脾胃虚弱症，再加之垂帘听政，思虑过度，本来不甚美丽
的面容，显得更加衰老。此时，一种奇特的疾病——面肌痉挛症，又时时
困扰着她，让她不得安宁。此病的病因，与她情志不畅、郁怒伤肝有重要
关系。宫内斗争复杂尖锐，年轻之时为了争宠而钩心斗角，中年后又要抚
育幼子，在朝堂上与一众男子（王公大臣）玩弄权术。而宫外也风云多变，
两次鸦片战争中一败涂地，清王朝的统治已岌岌可危。

面肌痉挛症，又称面肌抽搐症，中医称面风。中医认为，此病属于"肉

咸丰帝、慈禧弈棋图

瞤"范畴。"瞤"是形容肌肉、眼皮等处的跳动。《黄帝内经·素问》谓："肌肉瞤酸，善怒。"《伤寒六书》论及肉筋惕时认为："阳气者，精则养神，柔则养筋。发汗过多，津液涸少，阳气偏枯，筋肉失所养，故惕惕然动，然跳也非温经助阳之药，何有愈乎？"可知面部肌肉瞤然跳动，主要与脾、肝两脏有关，脾虚则化源不足，气血衰少，肌肤失养，营卫不足，风邪侵袭，经络阻滞，凝阻经络也使肌肉失于濡养，引起肌肉抽搐、痉挛。主要表现是半侧面部表情肌，不由自主地阵发性不规则抽搐，常常先开始于眼轮匝肌，表现为一侧眼睑闪电样地不自主抽搐跳动。脸部的肌肉十分复杂，使得每个微细的部位都会牵动。从美的角度看，脸上最重要的肌肉是颧骨肌，它从太阳穴贯穿面颊，直到嘴角，保持面部轮廓的坚实。这些肌肉，决定了五官的表情。它的病变能引起半边面肌的强烈抽搐，如受情志刺激，精神紧张时，更易发作，重时每日可发作数十次。这种病虽无多大痛苦，但严重有损于慈禧太后的"凤颜"。

据医案记载分析，慈禧太后患此病症时间颇久。光绪十二年五月二十日，宫中御医由《良方集成》抄呈下来"十香返魂丹"：

> 伽楠香、雄丁香、清木香、苏合油、檀香、降香、乳香、藿香、僵蚕（炒，去丝嘴）、天麻微热、朱砂飞、香附米浸，使盐水、酒、醋分四次制，血珀以上各药用二两，安息香水、牛黄、麝香以上三味各一两，冰片五钱、诃子二两、建莲子二两取心、瓜蒌仁二两去浮油、郁金二两、礞石二两、酸煅九次。以上各味药，共研极细面，分量兑准，无有低昂，用甘草四两熬稠汁，对炼蜜为丸，每丸重一钱，金箔为衣。

此丹方以有十味芳香药物而得名，主治中风、口眼歪斜。

光绪十四年，慈禧太后五十三岁，面风症没有得到控制，反而有所恶化。于是四月二十日小太监千祥传李德昌、王水隆拟得"加减玉容散"：

牛黄

> 白芷一两五钱、白牵牛五钱、防风三钱、白丁香一两、甘松三钱、白细辛三钱、山柰一两、白莲蕊一两、檀香五钱、白僵蚕一两、白芨三钱、鹰条白一两、白蔹三钱、鸽条白一两、团粉二两、白附子一两。以上诸药，共研极细末，每用少许，放手心内，用水调浓，

搋搓面上，良久再用水洗净，一日二至三次。

虎骨胶

为了控制病情，口服药和外用药同时并进。同时，御医为了迎合慈禧太后，在外用药方中配用白丁香、鸽条白、鹰条白等中药，不仅可以治病，还可起到美容的作用，既芳香又能使面肤增白、细腻、去皱纹。

光绪二十年中日甲午战争爆发，清廷内部，光绪帝主张坚持抵抗，反对"议和"，而以慈禧太后为首的一派，则主张"和"。正是在"战""和"问题上，皇帝与太后之间，发生了尖锐的矛盾。这年十月初十日，是慈禧太后六十大寿，为了隆重庆贺，宫廷礼部专门拨出一千万两白银，做筹办费，准备从颐和园到西苑沿途，布置点景，朝廷内外舆论谴责不断。而此时光绪帝请停颐和园工程，以充军费，慈禧太后大怒，"自此至乙未九月间凡二十阅月，几乎不交一言，每日必跪至两点钟之久，始命之决。"慈禧太后眼见自己一手拉扯成人的皇儿竟然如此不知孝敬，内心的郁闷可想而知，故面部病情越加严重。御医们只得想方设法，加紧治疗。

光绪二十八年四月二十四日，御医庄守和谨拟"僵蚕全蝎敷治方"：

> 僵蚕三钱、全蝎二个（去毒）、香皂三个。共捣成泥，随意糊之。此方祛风痰、止痉挛。镇静作用较强，用治面肌抽动、口眼歪斜。

此方捣泥外用，敷贴于局部，亦可内服，用温酒或白开水送服。

查四月二十五日《慈禧太后脉案》，确载："目皮颊间跳动，视物不爽。"并无口眼歪斜，只是面肌痉挛症。

光绪二十八年五月二十四日，谨按慈禧左眼下连颧，时觉跳动，揣系肝气不舒，风湿相搏上冲，御医特拟外用药方，"熨治面风"二方：

　　荆芥穗二钱、杭菊花一钱五分、抚芎二钱、明天麻一钱五分、香白芷一钱五分、霜桑叶四钱。以上六味药与煮熟鸡子二枚，去皮同煮多时，必令药味入内，取鸡子热熨，微凉即换一枚熨之。

此方为热熨法的特殊形式。
又方：

　　蚕沙一两，同黄酒炒热，绢包裹频熨。

此方具有祛风除湿活血功能，用以治"中风"良药。

光绪二十八年六月初一日，寿药房传出皇太后用"祛风活络熨方"：

　　防风三钱，白芷三钱，穿山甲三钱（炙），皂角三钱，薄荷一钱。以上药味共研细面，用酒水合匀，装绢袋内（随做绢袋用白绢一匹），蒸热熨敷局部患处。

此方采用热敷之法，使皮肤均匀受热，可以发挥药物的外透热作用，外治效力较强。而方中诸药，防风，能散风，有解痉的作用；白芷，可散风，湿燥除湿，芳香上达可通窍；穿山甲，可通经络，搜风去湿；皂角，味辛，性温，为通窍之良药；薄荷，能发散芳香，通窍，疏散上焦风热。

光绪二十八年六月初二日，御医拟"瓜蒌大麦饼"：

　　瓜蒌一斤绞汁，大麦面六两，将瓜蒌和麦面混合作饼，炙熟熨之。

病愈即止，勿令太过。

本方以瓜蒌为主药，瓜蒌甘苦寒，可润燥开结，舒肝郁，主治中风㖞斜病。

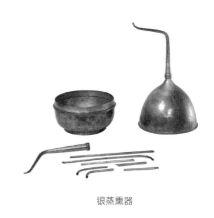

银蒸熏器

光绪二十八年六月二十一日，庄守和、范绍相、张仲元、忠勋谨拟"祛风活络洗药方"：

防风二钱，白芷二钱，白附子二钱，僵蚕三钱，细辛六分，天麻一钱五分，白菊花二钱，南星二钱，橘络二钱，薄荷一钱。共合用水煎，热熏蒸患处。

此方用法是通过热作用于皮肤，而其使腠理疏通、气血流畅，有利于局部筋肉的营养濡润。方中僵蚕用量颇大，僵蚕味咸、辛，性平，辛能发散，咸能软坚，而为祛风解痉。白附子性极躁烈，能升能散，功能祛风，善引药势上行，治头面部之风。以上十二味药合煎，药力较强。

光绪二十八年八月初五日，庄守和、张仲元谨拟"牵正丸"：

白附子五钱、僵蚕五钱、全蝎四钱去毒。共研成极细面，炼蜜为丸，如绿豆大小，每服二钱，白开水送服，随饮烧酒一至二口。

此方中所用全蝎为饲养蝎，隔年收捕一次。捕得后，先浸入清水中，待其吐出泥土，然后捞出置沸水锅中，加少量食盐，煮沸后，清水漂过，晾干，或微火焙干，为祛风镇痉之品，适用于中风口㖞。全蝎止痉作用较僵蚕强，且可攻毒散瘀。此丸是用治面风的传统药方，有较强的解痉、镇静作用。

同日，庄守和、张仲元拟"正容膏"：

> 蓖麻子五钱去皮、冰片六分。共捣为泥，敷于患处，左歪敷右，右歪敷左。

用蓖麻子治疗面神经麻痹、抽搐症，早有记载。《本草纲目》谓："其性善走，能开通诸窍经络，故能治偏风、失音、口噤、口目歪斜……"

光绪二十九年正月二十七日，御药庄守和、张仲元、姚宝生谨拟"祛风活络贴药"：

> 防风三钱、白芷三钱、白附子三钱、僵蚕三钱、天麻二钱、薄荷一钱五分。六味药共研为极细面，兑大肥皂六两，蒸透合匀，不计次数，随意敷用。

光绪二十九年五月十四日，寿药房传出奉懿旨，著合"太乙紫金锭"三料：

> 文蛤六斤、大戟三斤、山慈姑四斤二两、千金子一斤十四两去油、雄黄一斤五钱、麝香九两上清、朱砂一斤五两。以上共研极细面，用江米四斤八两蒸糊，将前药兑面糊拌匀，用木棍锤之，滋润为度。

太乙紫金锭，即紫金锭。从药理上分析，此方具有解毒化浊、活血散结、清热开窍等功效。此药应用范围很广，既可内服，又能外用；既能用于急救启闭开窍，又可防治时令病。正因为此药有这样广泛的实用价值，而特别受到宫廷的重视，是宫中医疗用的重要成药之一。慈禧太后懿旨著合"太乙紫金锭"三料先用，可见她为治面肌痉挛症的急切之心。

此药不仅为帝后所用，还常作为宫中珍品赏赐臣下。据清宫《流水

紫金锭朝珠

光素锭子药

嵌螺钿长方形紫金锭佩

雕鹤纹长方形紫金锭佩

出入药账》记载："光绪二十八年五月初九日，赏庆亲王'太乙紫金锭'二百锭。""六月初四日，赏给李莲英'太乙紫金锭'二百锭。"御医有时也会因当差有功获赏此药。例如"光绪二十九年闰五月十二日，赏姚宝生'太乙紫金锭'二锭"。

紫金锭除"银锭"形外，还制成装饰和配饰，如紫金锭佩、紫金锭串珠、紫金锭朝珠、紫金锭扇坠等多种，戴在身边或装在荷包里，

点翠紫金锭串

八宝太乙紫金锭

以备不时之需。

光绪二十九年八月初七日，御医为慈禧太后拟得"鸡血藤祛风活络贴药"：

> 鸡血藤膏面二两，大角子四两，香肥皂十锭，将大角子、香肥皂用黑糖水化开，合匀为丸，每丸二钱。

鸡血藤膏是将鸡血藤切片，煮取汁液，浓缩成原膏，取糯米、麦芽做成麦芽糖浆，再以红花、续断、牛膝、黑豆煮成药液，膏、浆、液三者混合，浓缩成膏状。味苦、性温，归肝、肾经，有活血补血、舒筋通络的作用。御医在方剂中加香肥皂，贴于面上，即可治病又有芳香气味。

光绪三十年，慈禧太后面部痉挛之症似又较前更重，频用"祛风润面散"。此药为章正散加减方，加麝香，以开窍通络散瘀，加绿豆、白粉以解毒，另配有加味香皂丸，芳香性植物药及一些动物药，虽一为美容，但重在为治疗面风而设，故方中亦有祛风通络药。

光绪三十年正月廿七日，御医庄守和、张仲元、姚宝生谨拟"祛风活络贴药"：

> 防风三钱，白芷三钱，白附子二钱，僵蚕三钱，天麻二钱，薄荷一钱五分。以上诸药共研细面，兑大肥皂六两，蒸透合匀，随意敷用。

光绪三十年二月初二日，和福传太后"祛风润面散"一料：

> 绿豆白粉六分，山柰四分，白附子四分，白僵蚕四分，冰片二分，麝香一分。以上六味药，共研极细面，再过重罗，兑胰皂四两，拌匀。

此药方既可治病，又可增白。

光绪三十年六月初三日，庄守和、姚宝生拟"祛风活络贴药又方"：

> 白附子五钱，僵蚕一两，蝎尾五钱，薄荷三两，防风一两，
> 芥穗一两，天麻一两，炙草一两，川羌活五钱，川芎五钱，乌头
> 五钱，藿香五钱。以上十二味药，共研为细面，用大角子四十个，
> 香肥皂二十个，用黑糖水化开，合药为锭，每锭二两。

此方为祛风活络贴药方加味，特别是加用活血祛风的羌活、川芎，有改善微循环的功效。

光绪三十二年闰四月十六日，姚宝生拟"活络敷药"：

> 乳香二钱（去油），没药二钱（去油），麝香一分，用时现兑。

以上三味药，芳香开窍，通络散瘀，共研为细面，合大角子二两，搅匀，敷于跳动处，可缓慢透入皮内，调整血管功能，减轻面神经的炎症，可降低面神经的兴奋性。

光绪三十二年七月十三日，姚宝生又拟"清热祛风"贴药：

> 防风二钱，薄荷八分。此二味药，共研极细面，兑大角子二
> 两搅匀，作锭贴之。

《本草经疏》载防风治"诸病血虚痉急"。防风为风药中之治痉急好药，薄荷辛凉，能使局部毛细血管扩张，促进药物吸收。

自光绪三十二年下半年，慈禧太后面风症似有所好转，但仍需继续用药。

麝香

十一月二十三日，传太后用"苏合香丸"：

沉香一两，木香一两，丁香一两，麝香一两，安息香一两，香附一两，白术一两，诃子肉一两，荜拨一两，犀角一两，朱砂一两，冰片五钱，苏和油五钱。共研成极细面，炼蜜为丸。每丸重一钱五分，蜡皮封固。

方钧、张仲元拟寿药房传出"活血祛风膏"一料：

防风二两，蔓荆子一两，当归三两，生耆二两，桂枝三两，川抚芎二两，薄荷一两，陈皮一两，白附子面五钱（后入），樟脑五钱（研面，后入），牡丹皮一两，杭芍一两，鸡血藤膏五钱。用香油四斤，将药炸枯，滤去滓，熬至滴水成珠，入樟丹二斤，再入面药，老嫩合宜。

此膏以生血养血、消风驱湿为主,慈禧太后患口眼抽动痼疾,外用此药,可以改善局部血液循环。

寿药房传出太后用"神效活络丹":

虎胫骨三钱,胆星八钱,防风六钱,半夏六钱,羌活六钱,川芎六钱,全蝎六钱,广红六钱,苍术六钱,乌药六钱,香附六钱,茯神六钱,石菖蒲六钱,麻黄二两四钱,牛黄一钱七分,沉香四钱六分,川附子三钱二分,钩藤一两,白芷一两,牛膝一两,天麻一钱六分,麝香一钱,冰片一钱二分,苏合油一两,僵蚕一两。以上二十五味药,共研为细末,蜜丸,蜡皮封固,每丸重二钱。

此丹主要是活络,络脉通,则气血畅,风寒湿痹可除。

此后又拟"舒筋活络膏":

夏枯草三钱、鸡血藤膏五钱、金果榄三钱、冬虫夏草四钱、金银花六钱、连翘五钱、桑寄生六钱、老鹳草五钱、没药三钱、海风藤三钱、全当归四钱、生杭芍三钱、川芎二钱、细生地三钱、川羌活三钱、威灵仙三钱、独活三钱、宣木瓜三钱、广橘红三钱、川郁金三钱(研)、半夏三钱、生甘草二钱、麝香面一钱(后入)。用香油三斤,将药炸枯,滤去滓,入黄丹一斤收膏,老嫩合宜。

此膏定风通络。从《慈禧太后脉案》记载可知,她曾多次用此膏外贴患处,效果较好。

为了治疗慈禧太后的面肌痉挛痼疾,御医采用了多种方法治疗,除口服传统中药方外,还运用很有特色的外治法,如:敷贴、热熨、熏洗、搓搓等,这是清代宫廷中医药学的一个特色。治疗面疾,使用外用药,药力

益正疏风活络膏

易透，达肌腠经络而生效，其用药又与历代嫩面、润肤、祛皱等美容药相合，常搽敷于面部，可以起到美容的作用。外用药的优点，可防止内服药物的副作用。慈禧太后素有脾胃疾患，如因治面疾服药而伤了脾胃，则又得不偿失了。

慈禧太后所患面肌痉挛痼疾，经御医多年医治，辨证用药，与病因相合，理法方药丝丝入扣，但她五十年在宫闱中掌握政权，与皇帝多怀隐曲，明争暗斗，情志抑郁，必然影响健康。"郁怒伤肝"而有化热、伤脾、气滞之变，肝郁难除，妙手良方亦难以回春。

慈禧太后的养容医方

中医学认为养容、美容的意义，在于激发自己身体原有美的本质。使用某种中药加工配制成粉、膏外用，治疗面疾或用来增白、去斑、润肤、抗皱美容，只是一个方面。更值得注意的是，人体的组织结构、功能、活动以及疾病的发生，会直接影响面颜。皮肤是身体的窥镜，从皮肤可以反映出人体内部的状况，人的皮肤对体内每一个器官的病变都有反映。中医学讲，心主血脉，与面部色泽有密切关系，"心者……其华在面，其充在血脉"，心气心血的盛衰在面部反映较为明显，故称"其华在面"。面部的色泽是脏腑气血的外荣，色泽的异常变化，为不同病症病理反映的表现，《类经》卷中："以五色命脏，青为肝、赤为心、白为肺、黄为脾、黑为肾。"色泽反映着机体精气的盛衰，所以察颜面肤色的润泽与否，对诊断疾病的轻重和推断病情的进退，有重要意义。如果有寒症、痛症、淤血症，为寒凝气滞、经脉淤阻、气血不通，表现为面色发青。有热症，血得热则行，脉络充盈，故面部泛红色。虚症、湿症为脾虚湿蕴的征象，面部发黄色。虚寒，失血症，气血耗散，故面色苍白。肾虚、水饮症、淤血症、肾阳虚衰，面部泛黑色。脾胃气虚，面色淡黄（萎黄），枯槁无泽；脾气虚衰、湿邪内阻，面色黄而虚浮。以上诸症，都直接影响一个人的面容美，用中药调治，使病症康复，自然面部皮肤白中透红，显出滋润，富有光泽。

纵观慈禧太后脉案，慈禧自年轻时即有月经不调、淤血症，中年以后添有脾胃虚症、腹泻，虽经化妆美容，但面色上也会显露出黑黄二色，枯槁无光。

养血护容中药方

慈禧太后入宫后，患有月经不调症，月经愆期不畅，以致荣行之际（行经）腰胯、腿酸沉，身体乏力，面色发青黄。据《慈禧太后脉案》记载：

咸丰四年四月三十日，懿嫔用"调经丸"：

香附一两（童便炙），苍术一两，赤苓一两，川芎三钱，乌药一两，黄柏三钱（酒炒），泽兰一两，丹皮八钱，当归八钱。以上诸药共研为细面，水叠为丸，如绿豆大小，每日空腹服二钱，白开水送下。此方调经养血，止痛散瘀，活血理气，清热去湿。

慈禧太后佛装像

七月十三日李德立请得懿嫔脉息沉迟，系寒饮郁结、气血不通之症，以致腰腹胀疼、胸满呕逆。今用"温中化饮汤"调理：

香附三钱、川郁金三钱、厚朴三钱、赤苓三钱、杜仲三钱、续断三钱、五灵脂二钱、炮姜八分、猪铃三钱、焦三仙六钱，引子用草癣二钱。

七月二十日庞景云请得懿嫔脉息浮涩，系湿气滞于血分，今议用"除湿代茶饮"送调经丸，早晚各二钱。

木香五分（研）、陈皮二钱、炒栀三钱、木通一钱五分、白芍一钱五分，煎汤代茶。

咸丰四年，时为懿嫔的慈禧太后年仅二十岁。咸丰六年三月二十三日生皇子载淳。此后多以调理经血，补气血、心血的营养补剂为主，加用人参汤等。中年以后，在她的脉案中，也有关于月经病的记述。

光绪六年正月十八日御医李德昌谨拟"延龄益寿丹"：

茯神五钱，远志肉三钱，杭白菊四钱（炒），当归五钱，党参四钱（土炒焦），黄芪三钱（炙焦），野白术四钱（炒焦），茯苓五钱，橘皮四钱，香附四钱（炙），广木香三钱，广砂仁三钱，桂圆肉三钱，枣仁四钱（炒），石菖蒲三钱，甘草二钱。炙以上十六味药，共研极细末，炼蜜为丸，如绿豆大，朱砂为衣，每服二钱五分，白开水送下。

贡阿胶

此方专治心脾两脏、脾虚不能统血、妇女月经不调，为长寿补气血的良药。在慈禧太后脉案医方中，常见此药。

光绪六年九月初一日《慈禧太后脉案》载："心脾气血不足、肝郁不畅，以致荣分（月经）未行，冲任之脉闭塞。"

《用药底簿》载有"通经甘露丸"：

当归八两、丹皮四两、枳壳二两、陈皮二两、灵脂三两、砂仁二两、熟地四两、生地四两、元胡四两（炙）、熟军八两、赤芍三两、青皮三两、香附一斤半（炙）、炮姜二两、桂心二两、三棱八两、莪术八两、甘草二两、芷红花二两、蜡三斤、煮苏木四两，取汁。以上二十一味药泛为小丸。

此方活血化瘀、理气调经，服后可去面色暗黑无华。

慈禧太后的月经病，虽经御医诊治，总是时好时坏。光绪六年，江苏巡抚吴元炳举荐马培之应诏入京为慈禧太后诊病。马培之为清医学大家，精通内外科，造诣深，医技高明。七月二十六日第一次为慈禧太后诊病。

据宫中脉案记载，慈禧太后当时病情复杂，五脏皆虚，"积郁积劳"，认定心脾两虚，予以养心益气健脾诸法治疗。马培之连续为慈禧太后诊病数次，病情大有好转。后因得病，慈禧太后赏假还乡，在寓调理。归乡养病期间，马培之仍在研究慈禧太后的病况，静心查阅《医经原旨》，见有病机一则，论治似与慈禧太后病症尚属相符。

> 《医经原旨》卷六云：病有胸胁支满者，妨于食，病至则先闻腥臊臭，出清液，先唾血，四肢清，目眩，时时前、后血，何以名之？支满者，满如支膈也。肺主气，其臭腥；肝主血，其臭臊，肺气不能平肝，则肝肺俱逆于上，浊气不降，清气不升，故闻腥臊而吐清液也。口中唾血，血不归经也。四肢清冷，气不能周也。头目眩运，失血多而气随血去也。气既乱，故于前阴、后阴，血不时见，而月信反无期矣。病名血枯……气竭肝伤，故月事衰少不来也。治之何术？以四乌骨、一茹，二物并合之，丸以雀卵，大如小豆，以五丸为后饭，饮以鲍鱼汁，利肠中及伤肝也。

《医经原旨》中所述"四乌骨一茹丸"，见于《素问·腹中论》篇内。芦茹即茜草，有通经活血的作用；雀卵补肾温阳、补气血；鲍鱼汁亦为补益妙品；乌贼骨，有滋阴养血之功。故本方治疗血虚气伤而致的血枯经闭最为适宜。马培之认为慈禧太后的病情，用此方很对症，特为呈递奏折。经过马培之的诊治，疗效显著，慈禧太后病症得到缓解，因此颇受赞赏。光绪七年，慈禧太后御赐匾额两块，一书"福"，一书"务存精要"。

光绪七年五月二十四日，广寿进李鸿藻拟得药方"益寿膏"：

> 附子三两，肉桂三两，法夏一两，陈皮一两，羊腰二对，虎骨八两，吴萸一两（盐水炒），川椒一两，白附子一两，小茴香一两，白术三两，苍术二两，艾绒一两，当归三两（酒洗），破故纸二两，

清宫膏药

香附一两五钱（生），川芎一两五钱，杜仲四两（盐水炒），续断二两，巴戟天一两，黄芪一两五钱，党参一两五钱，香附一两五钱（炙），酒匀一两，五加皮一两五钱，益智一两，蒺藜一两五钱，川楝一两，桂枝一两，天生磺三两（飞好），干鹿尾三条，胡芦巴一两，川乌一两，鹿角八两，云苓二两，川草薢一两，内豆蔻一两五钱，菟丝一两，干姜一两，茵陈一两，胡桃仁二两，公丁香一两，生姜三两，五味一两，枸杞二两，大葱头三两，缩砂生一两，甘草一两，用麻油十五斤炸枯药，去滓，熬至滴水成珠，入飞净黄丹五斤十两成膏。

此方用法为"贴腰间"或"贴脐穴"。方内药味较多，其中以温阴补肾药居多。因肾为先天之本，脾为后天之本，两脏互相滋生，互相促进，因而培补肾元，可以强身，可治腰痛、经痛。

"乌金丸"：

台乌、熟大黄、人参、莪术、三棱、赤芍、黄芩、延胡索、丹皮、阿胶、蒲黄、香附、乌豆皮、生地（忌铁器）、川芎各三两，寄奴、薪艾、白扁豆各二两，以上用苏木水炙。上药共为细末，炼蜜为丸，每丸重一钱，蜡皮封固。

乌金方主治妇女心情抑郁、气滞食减、面黄肌瘦。

健胃养容方剂

慈禧太后不仅患有月经病，消化系统的疾患常有发生。她位尊体贵，讲究享受，平时进膳均为山珍海味，恣啖酒肉油腻厚味，尤爱吃京鸭、肥鸡。按宫分，皇太后每日用"猪一口、羊一口、鸡鸭各一只……"食后不活动，又加饮食习惯以炙烤、生冷为多，因而致使湿从内生，停滞不化，易于伤及脾胃，或因深宫幽怨，以致情志不畅、肝气郁结，引起脾胃损伤，导致运化失常，遂成泄泻。据脉案载：光绪元年，慈禧太后年方四十，便诊有"心脾不足"之症。光绪五年至六年不断有"饮食运化不利，大便微溏而粘""胃口不旺""心脾久弱""食少体倦""面色黑黄"等记录。

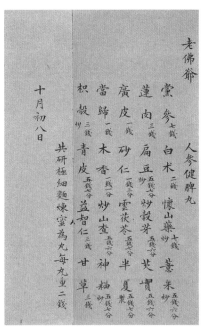

慈禧"人参健脾丸"药方

光绪五年二月三十日，御医庄守和、李德昌谨拟"和肝醒脾化湿丸"：

醋柴胡三钱，青皮四钱（炒），炙香附六钱，白芍四钱（炒焦），藿香梗四钱，厚朴四钱（紫老），新会皮四钱，苍术四钱（炒），落水沉三钱，于术三钱（炒焦），白茯苓六钱，广砂二钱（仁），炒谷芽六钱，木香三钱，东山渣八钱（肉），枳实四钱（炒）。上为极细末，炼白蜜为丸，如绿豆粒大，朱砂为衣，每服二钱五分，白开水送下。

此药益脾养阴除湿，功效甚好。

光绪六年正月十九日，汪守正、李德立、庄守和、李德昌，请得慈禧皇太后脉息虚弱、关部微弦，昨晚大便三次，糟粕而溏，气怯身软，肢体仍热，此病象由病久、精脉气血交亏所致，今用：

米炒黄芪一钱五分、鹿茸一钱、党参一钱五分、补骨脂一钱、款冬花一钱、银柴胡三分、土炒于术一钱、炙五味六分、炙鳖甲一钱。以上各味药研细末合匀，制为小丸，重二钱五分，早晚各进一丸，姜汤送服。

光绪六年九月十三日，太医李德立又为慈禧太后拟"八珍糕"进服。八珍糕创制于明代，其方见于《外科正宗》，系陈氏家传秘方。主要由人参、茯苓、莲子、薏仁、山药等八种药物特殊加工制成。人参，甘温，补中益气，能生血，又能生津，可健脾养胃。茯苓，利水去湿，甘平补脾益胃，且能宁心安神，适用于水肿、脾虚食少便泄、心虚惊悸等。莲子，既能补益，又有收敛之功，最益脾胃，兼能养心益肾，素有"脾果"之称。薏仁，甘淡利湿，微寒清热，可清利湿热，且兼有健脾补肺作用。山药，味甘、性平、归脾、肺、肾经，既能补充气血，又可养阴，为干补脾、肺、肾之经三药，适用于气阴不足之症，且兼涩性，故带有轻微的收敛作用。八珍糕主治脾胃虚弱、食少体倦、面黄肌瘦，久服则培养脾胃、壮助元阳、益气和中、

山羊血

轻身耐老,使面色回春。此方香甜可口,少药气,除治病外又可作饼干食用,在清代宫廷中颇受后妃喜爱,慈禧太后作为常备药物,疗效显著,至晚年从未间断。

光绪十年五月初九日,御医李德昌拟"平安丸":

> 檀香、落水沉、木香、丁香、白蔻仁、肉蔻仁、红蔻、草蔻、陈皮、炙厚朴、苍术(土炒)、甘草、神曲、炒麦芽、山楂(炒焦)各二两。上为极细末,炼蜜为丸,重二钱,每日一次。

此方中檀香、落水沉香、木香、丁香四香行气悦脾,四蔻即白蔻仁、肉蔻仁、红蔻、草蔻,能除湿醒脾,焦三仙即神曲、麦芽、山楂,开胃进食。"人以胃气为本",前贤称脾胃为后天之本,平胃散,运脾和胃,人自安和,"平安丸"取其意。

平安丸是一种平和而又颇具特色的宫中成药,深受慈禧太后赏识,因脾胃健运、消化有力、化源充足、气血旺盛,皮肤的营养源源不断,能使面色红润,皮肤细腻而有弹性。

光绪二十一年八月二十四日御医张仲元谨拟"益气理脾枳术丸":

> 党参四钱,云苓六钱,生于术三钱,甘草一钱五分,陈皮三钱,薏米五钱(生),焦麦芽一两,槟榔三钱(焦),焦楂六钱,壳砂一两五钱,炒枳壳三两,扁豆五钱(炒),杭芍三钱(生),莱菔子五钱,川郁金四两,石斛五钱(金)。上为极细末,炼蜜为丸,如绿豆大,每服三钱,白开水送下。

此方为补气健脾、和胃消食并渗湿去痰,治肺脾气虚、湿痰不化、食少乏力、大便溏泻等。

光绪二十六年二月十一日,祥福传合"加味保和丸"半料,同仁堂配方:

> 白术一两五钱(土炒),神曲一两五钱,萝卜子一两五钱(炒),麻皮一两五钱,连翘一两五钱,半夏一两五钱(炙),香附一两五钱(炙),茯苓一两五钱,黄芩一两五钱,黄连五钱,山楂一两(炒),厚朴一两(炙),枳实一两(炒),麦芽一两(炒)。以上十四味,共研为细面,水法为丸,如绿豆大小,每服三钱,白开水送服。

此方和血以补血,治食积、酒积,除嗳气吞酸、腹痛便溏,有悦面色的功效。

自光绪二十六年以后,御医们不断为慈禧太后诊治脾胃病症,曾拟出多种医治方药,例如:

"香砂养胃丸":

> 广皮二两,香附二两(炙),神曲二两,麦芽二两(炒),白术二两(土炒),枳实一两五钱(炙),半夏一两五钱(炙),苍术一两五钱(炒),茯苓一两五钱,厚朴一两五钱(炙),桔梗一两五钱,川连一两,砂仁一两,木香一两,山楂一两(炒),甘草一两,炒栀一两二钱五分,藿香一两二钱五分,抚芎一两二钱五分。上为极细末,水法为丸,如绿豆大,每服三钱,白开水送下。

此方对脾胃虚弱、不思饮食、大便不调、消化不良等症,疗效甚好。

御医姚宝生谨拟"加味三仙饮":

> 焦三仙各一钱五分,枳壳一钱五分(炒焦),广陈皮一钱,酒连八分(研),细生地三钱,甘菊三钱,鲜芦根二支(切碎),竹叶八分。水煎,温服。

此方消食健胃，清热生津。主饮食停滞、嗳气吞酸，是慈禧太后常用方。御医张仲元谨拟"调中畅脾膏"：

连翘三钱、银花五钱、茯苓六钱、于术五钱、广皮四钱、厚朴四钱、东楂六钱、鸡内金六钱、木香二钱、法夏四钱、槟榔三钱、神曲五钱、麦芽五钱、黑丑三钱、白蔻二钱、瓜蒌二钱、甘草三钱、甘菊三钱、青皮五钱、莱菔子四钱。用香油三斤，将药炸枯，滤去滓，入黄丹二斤，老嫩合宜收膏。

此方健胃畅脾、化积理气行水，主饮食少思、嘈杂呕逆、肚腹胀满、气逆不舒、消化不良等病症。

"调气化饮膏"：

沙参二两，白术一两五钱（炒），茯苓二两，槟榔二两，三棱二两，木香一两，广砂仁一两，苍术一两五钱（炒），厚朴一两五钱（制），陈皮一两五钱，鸡金一两五钱（焙），枳实一两五钱（炒），甘草八钱(生)。以上十三味药，共以水熬透，去滓再熬浓，兑炼蜜为膏，瓷器盛之。每服四至五钱，白水冲服。

三足带盖砂药锅

"开胃利膈丸"：

瓜蒌皮六钱，枳实六钱（炒），落水沉二钱，砂仁四钱，香附（制）六钱，桔梗四钱（苦），白蔻仁四钱，苍术四钱（炒），

藿香梗五钱，广皮六钱，中厚朴五钱（炙），三仙二两（焦）。上
为细末，炼蜜为丸，如高粱粒大，每服二钱，白开水送下。

此方可开郁顺气、利膈消食，主胸脘疼痛、食积结滞等症。

光绪三十二年，管理医局署任工部尚书的陆润庠奉召入宫，为慈禧太
后请脉治病。

陆润庠是江苏元和人，同治十三年状元，为唐代名臣陆贽之后，其
父陆懋修为清代有名之医学家，医学著述颇丰。光绪朝后期，作为医局
主管的陆润庠，对慈禧太后的疾病调治十分关心，他虽不是御医，但通
晓医理，特入宫觐见。陆首先观察到太后面色黯黪，病势严重，虽说已
有七十二岁高龄，每日仍有人伺候化妆，但一点也显不出面容的本质美。

五月十六日，臣陆润庠、力钧，请得皇太后脉象左关弦，右
关微滑，肝旺胃实，兼有湿气阻滞、不易运化，拟用开胃和肝之
法调理。

制川朴一钱，化橘红一钱，焦麦芽三钱，炒枳壳一钱，生山
栀去心一钱，川贝母二钱，炒丹皮一钱，片槟榔一钱五分，炒薏
仁七钱，加鲜荷梗五寸。

五月十九日，臣陆润庠、力钧，请得皇太后脉象和平，左关稍弦，
右关稍滑，饮食不多，自宜以理脾和胃，稍加疏泄之煎为治。

璐党参三钱，当归一钱（酒炒），广皮一钱（炒），于术二钱（炒），
白芍一钱（炙），甘草二分，云茯苓三钱，半夏曲二钱，广藿香一
钱，加鲜荷叶一角。

作为主管医局的陆润庠，对慈禧太后的疾病调理特别卖力。借着"世
代名医"的招牌，迎合慈禧太后急于求医的心理，亲自为太后请脉、开方，
以示效忠。慈禧太后对他十分赞赏，特赐给他丰厚的物品。

光绪三十二年六月十三日，《慈禧太后脉案》：脉息右关缓而有神，中

气渐复，脾经尚有湿气，拟"健脾化湿方"调理：

> 人参八分、党参三钱、生于术二钱、生黄芪一钱五分、生茅术一钱五分、桂枝八分、生甘草五分，引用陈皮一钱五分。以水煎诸药，去滓，日服二次。

光绪三十二年十二月初三日，"御制参苓白术丸"二料：

> 人参二两，于术五钱（土炒），茯苓二两，山药二两（炒），扁豆二两（姜汁炒），薏仁二两（炒），莲肉四两，陈皮二两，砂仁一两，半夏二两（姜汁炒），黄连二两（姜汁炒），神曲二两，当归四两（酒洗），杭芍二两（酒炒），香附二两（童便炙），炙草一两，桔梗二两，干姜二钱，红枣肉二两。上为极细末，炼蜜为丸，每丸重三钱，蜡皮封固，每服一丸，米汤送下。

此方调理脾胃，有悦面色的功效。

光绪三十三年五月初四日，御医姚宝生，请得皇太后脉息左关稍弦，右寸关滑缓，脾经有湿，中气稍欠充畅。谨拟"补中益气汤"：

> 生黄芪一钱五分、人参一钱、广陈皮四分、归身五分、生于术五分、升麻二分、柴胡二分、炙草一钱，引用黄柏五分，水煎服。

此方有益气健脾、补中固卫、益气升阳的作用。慈禧太后对此方疗效很满意。

> 光绪三十四年六月初六日，臣陈秉钧请得皇太后脉，寸关涩象渐起、细而带弦，右部关上尚见滑弦，仍欠冲和之气。因厥阴

为起病之源，脾胃为受病之所。总核病情，谨拟培脾胃之气，养肝木之阴调理：人参须一钱、杭白芍一钱五分、炒归身二钱、半夏一钱五分，盐水炙、川杜仲二钱，盐水炒、抱茯神三钱，辰砂拌、寸麦冬一钱五分，去心、桑寄生三钱、煅龙齿一钱五分、白蒺藜三钱去刺、霍石斛三钱、新会白一钱，引用红枣三枚、竹茹一钱五分，用玫瑰花一朵泡汤炒。

由此脉案得知，慈禧太后不仅脾胃病未愈，又增加了头晕等肝阴不足症候。至九月份，始见腹泻病症，一直未愈，且有加剧之势。当年十月份，又另请张仲元太医院院使诊治。

十月初六日，张仲元、李德源、戴家瑜请得，太后脉息左关弦缓，右寸关较前稍平，肠胃未和，寅卯辰连水泄三次，身肢力软，脾运迟忆，是以食后糟杂等症未减。谨拟"四君子汤加以扶脾化水之法"调理：人参一钱、党参二钱、莪术二钱、茯苓六钱、甘草一钱、薏米仁四钱，引用保宁半夏曲三钱。

银药碗

银药匙

虽连续服药，但腹泻未止，慢性消耗，使得慈禧太后体力大不如前，身肢力软。十月中旬，特请外荐医生如施焕、吕用宾、杜钟骏、张鹏年等人继续诊视。慈禧太后这时病势严重，外荐医生感到紧张，内心不安，恐有失手，所拟医方颇为平和，有病重药轻之嫌，似难以收功。据脉案记载，慈禧太后又增"头项以及周身疼痛、面目发浮"，病情又有些加重。至十月二十日，慈禧太后的病情虽较复杂，但仍无突然变化之势，以缓肝和中之法调理："生杭芍二钱、甘草五分、丹皮一钱。水煎温服。"

"十月二十一日，太后脉象复有不匀"，即有心律不齐，且"精神异常委顿"，病情加重，再加有光绪帝在当日子刻进入弥留状态，对慈禧太后的病会有一定的影响。

"十月二十二日，御医张仲元、戴家瑜请得，皇太后脉息欲绝、气短痰壅，势将脱败，急以生脉饮，尽力调理，以尽血忱：人参一钱半、五味一钱半、麦冬三钱，水煎灌服。"此方是慈禧太后临终的病案记录。想必距临终时刻不远了，因为已"脉息欲绝"，须用"灌服"。这时慈禧太后脸色青白、花容惨淡，她一生的养容美容从此结束了，此时此刻所需要的，正是咽气后的正容。

清宫后妃的代茶饮方

代茶饮是将中药煎汤，直接服用或用开水沏泡，像日饮茶水一样不拘次数，随时服用，药味小，能治病。在清代帝后保养与健身的医药中，颇受重视。

代茶饮是中医药制剂的一种特殊方法。在我国医药史上有悠久的历史，很早就受到我国人民的高度重视，这与我国人民的饮茶习俗有关。传说"神农尝百草，日遇七十二毒，得茶而解之"。东汉时著名医学家华佗说过："苦茶久食益意思。"茶对人体能起到兴奋大脑和心脏的作用，唐代陈藏器著《本草拾遗》称之为"万病之药"。当时茶被作为药材，也不叫茶。在先秦古籍中，没有"茶"字，只有"荼"字。在长期的医学实践中，人们认识到茶不仅可以治病，而且可以清热解渴。唐宋以前人们饮茶，将茶叶碾成细末，加上油膏、米粉之类的东西制成茶团，饮用时将茶团捣碎，放上葱、姜、橘子皮、薄荷或枣、盐等调料煎煮。这种饮茶法仍保留着最初茶作为药用的遗风。

清代早期饮茶，是与本民族渔猎、采摘生活有关，用茶提神，用茶解除食肉的腥膻与油腻，故满族有"舍茶叶而不舍茶水"的习俗。满族喜饮奶茶，直到入关后还保存这种习俗。清宫代茶饮并非本民族传统，但治病、防病的中药当做饮茶，想必与他们的饮茶习俗有关。据清宫档案记载，清宫后妃饮用的代茶饮十分广泛，优点较多。首先，服用方便，所用的药味多是剂量少、药性平和、味多甘淡，虽属良药，但不甚苦口。其次是宜长期坚持服用，有利于慢性病的防治和机体功能的调节。所以代茶饮在清宫一直盛行不衰，深受帝、后、妃、嫔们的喜欢。

据清宫太医院医案记载，代茶饮大致可概括以下几个方面：

治疗内科疾病

人体本身是一个有机的整体，体内外各个器官是有机地联系在一起的。五脏——心、肝、脾、肺、肾是联系机体的核心，在生理上互相协同，病理上互相影响。无论是对食物的吸收、运输，还是对血液的新陈代谢与调

雨前龙井茶

节，都是以五脏为核心，通过经络作用而实现的。然而，人体所担负的与外界交换功能的最重要的内脏器官是肺、脾、肾三脏。这三者是人与外界进行物质交换、维持生命的三大要素，缺一不可。脾在运化水谷及运化水湿两个方面起着尤其重要的作用。它直接对饮食物质进行运化转输，是人身上的关键性的枢纽，被称之为"后天之本""水谷之海""气血生化之源"。任何一脏功能障碍，都会影响饮食物质在人体内的生化、转输和营养作用。更值得提出的是，必须重视保养脾胃之气，脾胃在人体占据着"后天之本"的重要位置，是为人生之根本。

在清代宫廷中，帝、后、妃、嫔养尊处优，恣食膏粱厚味兼以心情郁闷，患脾胃病者多，大抵以湿停滞，伤及脾胃以及脾胃虚弱所致者多。在清宫医案中有关御医治疗脾胃病之代茶饮屡屡见之。

御医李德昌拟"调脾清肝理湿饮"：

茯苓三钱（朱染）、炒茅术一钱五分、广皮一钱五分、壳砂一钱（研）、薏米三钱（炒）、扁豆三钱（炒）、泽泻二钱、酒胆草一钱五分、丹参二钱、次生地三钱、白鲜皮二钱、车前子三钱（包煎），引用地肤子三钱。

此方调脾清肝理湿，有抗炎利尿的作用。

姚宝生（为慈禧太后）拟"加味三仙饮"：

> 焦三仙各一钱五分，枳壳一钱五分（炒焦），广陈皮一钱，酒连八分（研），细生地三钱，甘菊三钱，鲜芦根二支（切碎），竹叶八分，水煎。

焦三仙及其加味，为慈禧太后常用方，消食健胃、清热生津，主饮食停滞，津伤烦渴。

御医以焦三仙为主药，根据慈禧太后脾胃不和的病情变化，加减其他药味，分别为太后拟"加味三仙饮第二方"：

> 焦三仙（焦山楂、焦神曲、焦麦芽合儿三仙）各六钱，橘红二片（老树）。

橘红苦，辛温，功能散寒理气，消食宽中，于食积、伤酒时用。

"加味三仙饮第三方"：

> 焦三仙各三钱，炒槟榔三钱，郁金二钱（研）。

郁金可行气解郁，主胸腹胁诸痛、女子痛经等；槟榔味辛、苦，气温，消水谷，除痰癖，专破滞气下行。加此二味药，对脘腹胀痛、大便不爽尤为适宜。

"加味三仙饮第四方"：

　　焦三仙各一钱，毛橘红八分，竹茹三钱，干青果七个（研），以上各味水煎。

此方加竹茹、青果，可用于肺、胃壅热，因竹茹性生微寒，可清热化痰止呕。青果干酸平，清热解毒，亦好。

御医张仲元、姚宝生拟"加味三仙饮第五方"：

　　焦三仙六钱，枳壳三钱炒，槟榔炭二钱，腹皮三钱，厚朴一钱五分（炙），酒芩二钱，赤茯苓四钱，藿梗八分，以上各味水煎、温服。

此方加重理气药，治脾胃气滞胀满。

"加味三仙饮第六方"：

　　焦三仙各三钱，金石斛三钱，干青果十五个捣碎。

此方加石斛、青果，可滋养润肺、胃，清热解毒、生津。用于肺胃阴虚干呕、进食不香。

"加味三仙饮第七方"：

　　焦三仙各一钱，橘红一钱五分（老树），酒芩二钱，厚朴一钱五分（炙），甘菊花三钱，羚羊一钱五分，竹茹三钱，枳实一钱五分（炒焦）。

此方加羚羊、甘菊花等，除消食理气外，可清热明目。

姚宝生为慈禧太后拟"清热理气代茶饮方"：

甘菊三钱，霜桑叶三钱，橘红一钱五分（老树），鲜芦根二枝切碎，建曲二钱，炒枳壳一钱五分，羚羊五分，炒谷芽三钱。水煎。

橘红、枳壳理气和中，芦根清肺、胃热，羚羊清肝胆之火。全方清热以头目上焦为主，理气则以脾胃为要，适于慈禧太后的病症。

又方：

甘菊三钱，霜桑叶三钱，羚羊五分，带心麦冬三钱，云苓四钱，炒枳壳一钱五分，泽泻一钱五分，炒谷芽三钱。水煎。

竹节式紫砂茶壶

此方较前方略减健脾和胃之药，而增加清心利湿等药。带心的麦冬，能入心经，即清心热而能生津。

御医张仲元为慈禧拟"清热化湿代茶饮方"：

> 鲜芦根二枝（切碎），竹茹一钱五分，焦山楂三钱，炒谷芽三钱，橘红八分（老树），霜桑叶二钱。水煎。

此方清利头目，调和脾胃。

"清热化湿代茶饮方二"：

> 甘菊三钱，桑皮叶一钱，酒芩一钱五分，云茯苓三钱，羚羊五分，炒建曲二钱，泽泻一钱五分，炒枳壳一钱五分。水煎。

此方加酒芩、羚羊，清热。茯苓渗湿。又加泽泻，有增强利水湿的功效。

"清热养阴代茶饮"：

> 甘菊三钱，霜桑叶三钱，羚羊五分，带心麦冬三钱，云苓四钱，广皮一钱五分，枳壳一钱五分（炒），鲜芦根二枝（切碎）。水煎。

前期慈禧太后茶饮中，选用茯苓、泽泻为渗利之药，久用恐损伤阴津，此方加入麦冬可减少副作用，可见御医施药，十分细心未敢疏忽。

张仲元、姚宝生为慈禧人后拟"清热调中饮"：

> 霜桑叶三钱、甘菊三钱、酒黄芩二钱、橘红一钱（老树）、焦

枳壳一钱五分、神曲三钱炒、炙香附一钱五分、甘草一钱。水煎。

此方在于开胃消食，故名"清热调中饮"。

光绪三十四年十月二十二日子刻，张仲元、戴家瑜谨拟慈禧太后用"滋胃和中代茶饮"：

竹茹一钱（朱拌），鲜青果十个（去尖，研），厚朴花五分，羚羊五分。水煎。

此方是慈禧太后临终前数小时"气虚痰生、精神委顿、舌短口干、胃不进食"病危时所进之代茶饮。

御药房《传药底账》

"桑菊饮"：

> 霜桑叶二钱、甘菊一钱五分、广橘红八分、连翘一钱、焦三
> 仙各一钱五分、鲜芦根二支（切碎）。

在宫廷中，帝后"至尊之体"时有湿热小恙，御医诊治，又忌病轻药重，为少尝医药之苦，于是治病中辛凉、甘润之轻剂使用甚多，"桑菊饮"便是其中之一。

"加味午时茶"：

> 午时茶一块，焦三仙各二钱，□□□三钱。水煎。

午时茶本为《拔萃良方》天中茶加减。主治风寒感冒、食积吐泻，方中辛温、芳化、和胃除湿同用。治夏日受凉感冒、头疼腹泻。

"枣仁汤代茶饮"：

> 枣仁汤加麦冬二钱，清心解热代茶饮。

嘉庆帝常有"夜间得寐，微有觉热，兼有耳鸣"，曾多次饮用此方，疗效颇佳。方中再加赤苓二钱，可利水除湿、止嗽化痰。

嘉庆十九年十二月二十八日刘钲请得五阿哥"感寒咳嗽代茶饮"一方：

> 苏叶八分，防风八分，葛根八分，桔梗八分，枳壳七分，荆芥
> 八分，前胡八分，广皮八分，甘草三分，引生姜一片，灯心二子。

此方主治外受寒凉之症，以致微热，鼻有清涕。五阿哥是皇五子惠瑞亲王绵愉，嘉庆十九年二月二十七日丑时如妃钮祜禄氏生，此时年仅八个月。

姚宝生为慈禧太后谨拟"清热止咳代茶饮"：

> 甘菊二钱，霜桑叶二钱，广皮一钱，枇杷叶二钱（炙，包煎），生地一钱五分，焦枳壳一钱五分，酒芩一钱，鲜芦根二枝（切碎）。水煎。

此方可清解肺热、止咳化痰。

咸丰帝丽妃他他拉氏，体质虚弱，经常肢体酸软、胸肋胀满，有时烦躁少寐，停饮火盛，夜不得寐。最常用的一剂"灯心、竹叶代茶饮"。灯心草，味甘、淡，性微寒，入心、肺、小肠经。淡可渗利，寒以清热，故有清热利尿、清心除烦的功能，适用于热症、心热烦躁等。竹叶，清香透心，微苦凉热，气味俱清，能清心除烦。此方可散上焦风热之邪，适用于温热病初起心胸烦热及热病后期烦热口渴症。

清代皇帝中，光绪帝自幼身体羸弱，脾胃欠和。冲龄登极，事因多变，新政之时，慈禧太后仍有训政之权，光绪帝精神抑郁，心情不快，心阴暗伤，以致心阳独亢、心肾失交暗及于肾，除经御医拟用丸散药剂外，平日多用代茶饮。

"补益肝肾代茶饮"：

> 干地黄、杭菊、归身、知母、云苓、山药、酒芩、玄参、寸冬、泽泻十味中药。

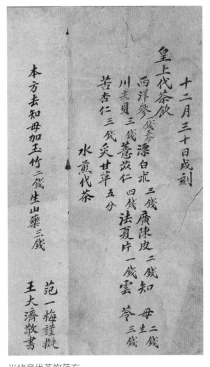

光绪帝代茶饮药方

"一味秘精汤"：

分心木五钱（洗净），用水一茶钟半。煎至大半茶钟，临睡以前服之。

"分心木"系胡桃果内层之木质隔膜，又称胡桃夹，具有固肾涩精之作用。此方为清宫秘方。光绪帝患遗滞之病有年，经常反复久治不愈，故用益肾固涩之法。除用成药方剂外，御医有时采用单味药为光绪治疗遗滞病。"一味秘精汤"即是光绪帝经常服用的。

光绪二十一年闰五月二十一日，皇上用"疏风清解代茶饮"：

紫苏叶二钱、防风三钱、荆芥一钱五分、陈皮二钱、香白芷三钱、川芎一钱五分、建曲二钱（炒）、香薷一钱。水煎代茶饮。

"和解清热代茶饮"方一：

柴胡一钱，薄荷一钱五，地骨皮三钱，葛根二钱，胡连二钱，条芩三钱（生），杭芍三钱，白芷二钱，生地八钱（次），泽泻二钱，羚羊角二钱，水煎代茶。

羚羊角性味咸寒，入心、肝二经。有导肝熄风、清热镇惊解毒的功效。光绪帝患虐疾病，烧热不退，用和解清热代茶饮。

"和解清热代茶饮"方二：

> 苏叶一钱，葛根二钱，防风三钱，甘菊花二钱，川芎一钱五分，薄荷一钱，酒芩二钱(炒)，知母三钱，厚朴二钱(炙)，枳壳二钱(炒)，槟榔三钱（炒），焦三仙各三钱。

此方为调理药，专治疟疾。

光绪二十四年五月初七、初八、初九三日，"皇上舌尖左边起有红粟，左目小皆胀而微赤，耳中常作烘声"。太医拟定"滋益清上代茶饮"：

> 西洋参一钱五分(研)，生地四钱(大片)，当归三钱，杭芍三钱(炒)，大熟地四钱，杜仲三钱（炒），莲蕊三钱，川芎一钱五分，甘菊花三钱，桑叶三钱，川贝三钱（研），酒连一钱五分（研），南薄荷八分，香附一钱三分（炙），炒栀三钱，生草一钱五分。水煎代茶。

光绪帝虚火上升，舌尖属心，舌尖六粟粒，是心经虚火上冲所致，赤目也为心经之热。虚火多由抑郁、思虑过度，心阴暗耗，虚火上扰为患。

"安神代茶饮"：

> 龙齿三钱（煅），石菖蒲一钱。水煎，代茶。

宫藏龙齿

此方中，龙齿归心、肝经，可镇惊安神、平肝潜阳，治心悸。石菖蒲入心、脾经，具有开窍、安神之作用。《本经》称此药可"开心孔，补五脏"。两药合用，方宁心安神，有益睡眠。

"治大便秘结代茶饮"：

> 吧嗒杏仁、松子仁、大麻子仁、柏子仁各三钱，共捣烂，滚水冲，盖片刻，当茶饮。

光绪帝本为隐虚体质，大便秘结，在脉案中屡有记载。此方各药具为润肠通便，主治阴虚、年老津枯液少之便秘。吧嗒杏仁，《本草纲目》作"巴旦杏仁"，与杏仁同属蔷薇科。

光绪三十三年三月二十日，御医庄守和为隆裕皇后拟"和胃代茶饮"：

> 茯神三钱（朱拌），枣仁三钱（焦），陈皮一钱，壳芽二钱炒，壳砂六分，甘草六分，水煎代茶。

朱拌，即用朱砂拌之。此方主治胃气不和、两胁胀满。

光绪三十四年六月初七日，张仲元拟"和胃化湿代茶饮"：

> 广皮一钱五分，益元散三钱（煎），地肤子二钱，炒壳芽三钱。水煎代茶。

治疗妇科疾病

中医妇科一般分经、带、胎、产、杂病五个方面。根据中医理论：奇经八脉中的冲、任、督、带四脉与妇科关系密切，其中尤以冲、任二脉更为重要。如冲、任受损，就会引起妇科的各种疾病。冲、任二脉与全身有关系，必须接受来白脏腑的气血滋养，始能发挥正常作用。所以气血、五脏和冲、任之间，有着密切联系，相辅相成，不可分割。任何因素影响了其中的一环，都会引起冲、任二脉的病变，而发生妇科疾病。

清宫中的代茶饮方，有很多是治疗妇科疾病的。

《金匮要略》之当归、生姜、羊肉汤意，主治温中补血。此方加黄芪，即气、血双补。华妃侯氏，嘉庆元年封莹嫔，六年晋华妃。患有肝阴素亏、气血不足病。每日代茶饮此方。

咸丰□年七月二十四日，庞景云请得懿嫔调经丸，早晚服，常饮"湿滞血分症代茶饮"：

> 木香五分（研），陈皮三钱，炒栀三钱，木通一钱五分，白芍一钱五分。煎汤代茶。

"储秀宫茶房"款银茶船

懿嫔即慈禧太后，咸丰四年至六年封此号，年二十左右。此茶饮，柔肝理气、清热利湿、通利月经。

同治二年六月十一日，丽皇贵妃用"除湿代茶饮"：

> 蔓荆子三钱，当归三钱，川芎一钱，细辛一钱，羌活一钱。水煎代茶饮。

此方主治气血素亏、湿饮郁结。丽皇贵妃他他拉氏，咸丰四年以丽贵人晋为嫔。五年晋为丽妃。生皇长女荣安固伦公主，为咸丰帝唯一的女儿。同治帝登基后，感念丽妃侍奉咸丰帝多年，又诞育大公主，尊封为丽皇贵妃。咸丰帝死后，慈禧太后大权独揽，无暇兼顾后宫，故丽皇贵妃生活较为平静。但壮年丧夫，情志不舒、心绪欠畅在所难免，她血道不畅，"气血素亏"。

治疗耳鼻咽喉及口腔疾病

耳

人的耳朵和肾关系密切，中医有"肾开窍于耳""肾气通于耳"之说。但脏腑之间是互相联系、互相影响的，因此其他脏腑的病变，也可间接影响到耳。耳病常见的症状有耳痒、耳痛、流脓水、耳鸣、耳聋等。常用的内治法，有清火、泻火、清胆、清利三焦、益肾、平肝和脾、理气、通窍、化痰。

光绪□年三月初五日艾世新谨拟"平肝清热代茶饮"：

> 龙胆草六分，醋柴胡六分，川芎六分，甘菊一钱，次生地一钱。水煎代茶饮。

慈禧太后右耳堵闷、肝胆热盛、肝热上蒸、耳窍不畅，用龙胆草，自是首选药，李时珍曰："相火寄在肝胆，有泻无补。故泻肝胆之热，正益肝胆之气。"

光绪□年四月十五日，张仲元谨拟光绪皇帝用"清肝聪耳代茶饮"：

> 菊花二钱，石菖蒲一钱五分，远志八分，生杭芍三钱。水煎代茶。

方中菊花、杭芍可清肝，石菖蒲、远志芳香开窍、安神定志。

咽喉

咽和喉为胃、肺之通道，又是诸经循行交会之处，故咽喉病除与胃、肺直接相关外，并与其他脏腑经络有联系。引起咽喉病的原因多为外感六淫，其中主要为风、燥、火、邪侵袭，或肺、肾虚火上以及精神刺激、气郁痰结等。咽喉常见的症状有咽喉红肿、咽喉痛、咽痒、腐烂化脓等。

咽喉病的治疗分内治、外治两种。内治法用于急性者，外治法是在咽喉局部使用吹药或滴药，以便达到消肿、止痛、化腐等目的。宫内太医采用代茶饮治疗，每日可服数次，不但服用方便，治愈效力也强。

乾隆四十二年七月初三日，陈世官、林俊请得惇妃脉息，缓软，系热伤风，以致身体酸软无力，外感咽痛结喉症，用"正气保和汤"调理：

> 扁豆三钱，厚朴一钱五分，陈皮一钱，茯苓二钱，苏梗一钱五分，半夏二钱，麦冬二钱，知母一钱五分，姜连六分，甘草三分，加竹叶五片。

此方中麦冬、知母以养阴，与诸药配用，可行气育阴、消炎止痛。

惇妃（1746-1806年），汪氏，满洲正白旗人，都统四格之女。乾隆二十八年十月十八日入宫，新封永常在，时年十八岁，比乾隆皇帝小36岁，乾隆三十六年晋永贵人，同年十月初十日封惇嫔，三十九年九月晋惇妃。

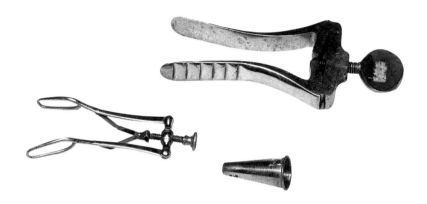

耳鼻喉科检查用具

乾隆四十年惇妃于翊坤宫生皇十女。乾隆四十三年因杖毙宫女，惇妃降为
惇嫔。乾隆皇帝还斥责惇妃"事关人命，其得罪本属不轻，因念其曾育公主，
故从宽处理，如依案情而论，即将伊位号摈黜，也不为过"。惇妃降嫔的第
三年又恢复了妃位。

御医姚宝生为慈禧太后谨拟"清热代茶饮"：

　　鲜青果二十个（去核），鲜芦根四支（切碎）。水煎代茶。

鲜青果可清肺利咽、去火化痰，用治肺热盛所致的咽喉肿痛。芦根清
肺热祛痰、生津止呕。太后常患有咽喉不适，不断以此方代茶润喉。
同治五年六月十二日，李万清看得储秀宫小太监连英"清瘟利咽汤"
今明二贴：

　　桔梗三钱，元参三钱，牛蒡二钱（炒、研），黄芩三钱，大青
　　叶二钱，酒连二钱，连翘二钱，银花二钱，薄荷八分。水煎代茶。

六月十四日开得"清热利咽汤"

　　桔梗二钱，牛蒡二钱（炒），大青叶二钱，黄芩三钱，川连一钱（研），银花三钱，连翘三钱，六一散三钱，薄荷八分。水煎代茶。

清暑病保健饮

　　清代宫中，每年自农历五月初一日至七月十五日，每天发放预防治疗暑病的饮料。

　　夏热、冬寒季节，人体容易因不能适应气候的变化而患病。自古以来，我国人民就十分重视对时令变化所致疾病的预防。宫中御医，本着中医学"天人相应"的整体观，注重四时季节变化对人体的影响，采取多种措施，预防季节性疾病。其中"香薷汤"和"暑汤"，为其中之一、二。夏日盛暑之时，人出汗较多，容易耗气伤津，需要及时补充水分和盐等物质。

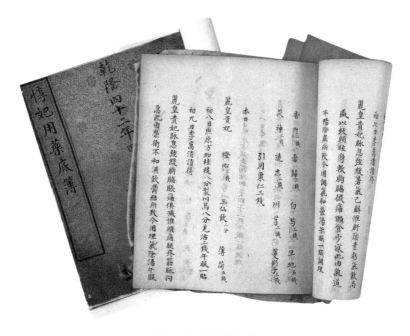

惇妃、丽皇贵妃用药底簿

白地矾红彩御制诗茶具

"香薷汤"由香薷、甘草、扁豆、赤苓、黄芪、厚朴、陈皮、菊花等组成。用水熬汤，以代茶。

此方系《太平惠民和剂局方》卷二之"香薷饮方"加味而来。全方相合，清暑而不伤气，祛湿而不伤阴，健脾胃，而又清头目，故为夏季清暑病的良品。

"暑汤方"，由香薷、藿香、茯苓，陈皮、扁豆、炒苍术、厚朴、木瓜、滑石、甘草、乌梅、伏龙肝、黄芪、麦冬、炒白术等组成，以水煎汤。

此方系由《太平惠民和剂局方》"消暑十全饮"化裁而来，也是以香薷饮为基础。明张凤逵云："暑病首用辛凉，继用甘寒，再用酸泄收敛，不必用下。"明王纶《明医杂著》认为："治暑之法，清心、利小便最好。""暑汤方"比较全面地体现了辛散祛暑、酸甘敛津、益气养阴、化湿利水等防治暑病的原则。御医配制的清暑保健饮，很受帝后、妃嫔们的重视，是宫中夏日不可缺少的饮料。

慈禧太后晚年除服用"香薷汤"和"暑汤"外，还常饮"加味酸梅汤"。酸梅可助消化，扁豆性温，味甘，和中健脾，茯苓，安魂养神。加味酸梅汤不仅防暑，对慈禧太后脾胃不合之症也十分有益。

从以上方剂的介绍，可知清代宫廷中广泛用代茶饮，确有其特色。其组方特点，除注重辨证和配伍严谨之外，选药精，总药量少，也是突出的特色。

后 记

后妃养颜美容是宫廷史的一部分。美是人类追求的共同目标，爱美是人类的天性。早在遥远的古代，当我们的祖先还处在衣不蔽体、食不果腹的原始社会，就已经有了爱美的意识和行为。几千年来，随着社会生产力的逐步发展，物质、精神两大文明的不断进步，人们对美的追求和探索也越来越强烈，从而使美容从内容到形式越来越丰富。在漫长的历史发展过程中，全世界无论是东方还是西方，从宫廷到民间，都创造了许多神奇有效的美容秘方和抗衰妙术。这是古人留给我们的一份非常珍贵的文化遗产。

但古代没有专门美容的书籍，美容的内容都散见于古代的医书之中。《黄帝内经》是现存最早的中医理论著作，约成书于战国时期，距今有两千多年了。尤其是传统中医学及中草药，不仅在防病治病上具有公认的疗效，而且在美容护肤、抗衰防老方面也积累了丰富的实践经验。中医药美容养颜、滋肌润肤之术，起源于民间，汇集于宫廷，经过历代验证，反复筛选，不断改进，日臻完善，最后又传播至民间。许多具有美容作用的方法，逐步形成了一套具有我国特有风格的中医美容疗法，但受历史环境的制约，多数美容方法被持有人视为至宝秘而不传。唐代著名医家孙思邈在《千金翼方》中提到："面脂手膏，衣香藻豆，仕人贵胜，皆是所要。然今之医门极为祕惜，不许子弟泄漏一法，至于父子之间亦不传示……"作为历代宫廷女子的养颜美容方法更是鲜为人知。

在世人的眼中，宫廷是最能体现封建社会女子美容化妆特点的地方，后妃们的妆容更是民间女子争相效仿的对象。但宫廷女子的养颜并非世人想象的那样奢华，而是以朴实为主，如清水芙蓉一般。

清宫宫廷医案和丰富的宫廷文物遗存，加上多年的研究工作，使我们产生了共同的愿望，撰写一本集知识性、科学性、实用性于一体的宫廷后妃美容化妆的书，向世人揭示后妃养颜美容的真实历史，让中华民族传统的养颜、美容、护发等经验古为今用，让祖国的文化遗产发扬光大。

时隔二十多年该书再版，进行了修改和完善，搭配了图片，以期带给读者新的感受。

图书在版编目（CIP）数据

悦目：后妃的美容与养颜/陆燕贞，张世芸，苑洪琪著. ——北京：故宫出版社，2018.6

（尚书房）

ISBN 978-7-5134-1060-1

I.①悦… Ⅱ.①陆… ②张… ③苑… Ⅲ.①后妃－美容－研究－中国－清代 Ⅳ.①TS974.1

中国版本图书馆CIP数据核字(2017)第254233号

悦　目——后妃的美容与养颜

陆燕贞　张世芸　苑洪琪　著

出 版 人：王亚民

责任编辑：贺莎莎

装帧设计：王　梓　杨　光

责任印制：常晓辉　顾从辉

出版发行：故宫出版社

地址：北京市东城区景山前街4号　邮编：100009
电话：010-85007808　010-85007816　传真：010-65129479
网址：www.culturefc.cn　邮箱：ggcb@culturefc.cn

制　　版：北京印艺启航文化发展有限公司

印　　刷：北京启航东方印刷有限公司

开　　本：787毫米×1092毫米　1/16

印　　张：16.25

版　　次：2018年6月第1版
　　　　　2018年6月第1次印刷

印　　数：1—5000册

书　　号：ISBN 978-7-5134-1060-1

定　　价：60.00元